21世纪可持续能源丛书

能源与可持续发展

（第二版）

王革华　欧训民　田雅林　袁婧婷　编著

化学工业出版社

·北京·

图书在版编目（CIP）数据

能源与可持续发展/王革华，欧训民等编著．—2版．—北京：化学工业出版社，2014.5
（21世纪可持续能源丛书）
ISBN 978-7-122-19142-7

Ⅰ.①能…　Ⅱ.①王…②欧…　Ⅲ.①能源-关系-可持续发展
Ⅳ.①TK01

中国版本图书馆CIP数据核字（2013）第282087号

责任编辑：戴燕红　　　文字编辑：丁建华
责任校对：蒋　宇　　　装帧设计：韩　飞

出版发行：化学工业出版社（北京市东城区青年湖南街13号　邮政编码100011）
印　　刷：北京永鑫印刷有限责任公司
装　　订：三河市宇新装订厂
710mm×1000mm　1/16　印张12¾　字数216千字　2014年3月北京第2版第1次印刷

购书咨询：010-64518888（传真：010-64519686）　售后服务：010-64518899
网　　址：http://www.cip.com.cn
凡购买本书，如有缺损质量问题，本社销售中心负责调换。

定　　价：58.00元

第二版序

20世纪末，随着人类社会发展对能源可持续供应的迫切需要，出现了"可持续能源"的理念，并受到全世界人们的关注。

21世纪以来，能源更是渗透到了人们生活的每个角落，成为影响全球社会和经济发展的第一要素。目前中国已经成为全球能源生产与消费的第一大国，能源与经济的关系、能源与环境的矛盾、能源与国家安全等问题日显突出。因此，寻找新型的、清洁的、安全可靠并可持续发展的能源系统是广大能源工作者的历史使命。

2005年，化学工业出版社出版了"21世纪可持续能源丛书"，受到我国能源工作者的广泛好评；时隔8年，考虑到能源形势的变化和新技术的出现，又准备出版"21世纪可持续能源丛书"（第二版），的确是令人高兴的事情。

"21世纪可持续能源丛书"（第二版）共12册，仍然以每一个能源品种为一个分册，除对原有的内容做了更新，补充了最新的政策、技术和数据等外，增加了《储能技术》、《节能与能效》、《能源与气候变化》3个分册。从书第二版包括了未来能源与可持续发展的概念、政策和机制，各能源品种的资源评价、新工艺技术及特性以及开发和利用等；新增加的3个分册介绍了最新的储能技术，能源对环境与气候的影响以及提高能源效率等，使得丛书内容更加广泛、丰富和充实。

由于内容的广泛性和丰富性，以及参加编写的专家的权威性，本套丛书在深度和广度上依然保持了较高的学术水平和实用价值，是能源工作者了解能源政策及信息，学习先进的能源技术和广大读者普及能源科技知识的不可多得的好书。

让我们期待这套丛书的出版发行，能为我国 21 世纪可持续能源的发展作出贡献。

中国科学院院士 王大中

2013 年 11 月 6 日

第一版序

能源是人类社会存在与发展的物质基础。过去200多年，建立在煤炭、石油、天然气等化石燃料基础上的能源体系极大地推动了人类社会的发展。然而，人们在物质生活和精神生活不断提高的同时，也越来越感悟到大规模使用化石燃料所带来的严重后果：资源日益枯竭，环境不断恶化，还诱发了不少国与国之间、地区之间的政治经济纠纷，甚至冲突和战争。因此，人类必须寻求一种新的、清洁、安全、可靠的可持续能源系统。

我国经济正在快速持续发展，但又面临着有限的化石燃料资源和更高的环境保护要求的严峻挑战。坚持节能优先，提高能源效率；优化能源结构，以煤为主多元化发展；加强环境保护，开展煤清洁化利用；采取综合措施，保障能源安全；依靠科技进步，开发利用新能源和可再生能源等，是我国长期的能源发展战略，也是我国建立可持续能源系统最主要的政策措施。

面临这样一个能源发展的形势，化学工业出版社组织了一批知名学者和专家，撰写了这套《21世纪可持续能源丛书》是非常及时和必要的。

这套丛书共有11册，以每一个能源品种为一册，内容十分广泛、丰富和充实，包括资源评价，新的工艺技术特性介绍，开发应用中的经济性和环境影响，还涉及推广应用和产业化发展中的政策和机制等。可以说，在我国能源领域中，这套丛书在深度和广度上都达到了较高的学术水平和实用价值，不仅为能源工作者提供了丰富的能源科学技术方面的专业知识、信息和综合分析的政策工具，而且也能使广大读者更好地了解当今世界正在走向一个可持续发展的、与环境友好的能源新时代，因此值得一读。

我们期待本丛书的出版发行，在探索和建立我国可持续能源体系的进程中作出应有的贡献。

中国科学院院士 王大中

2004 年 7 月 8 日

第二版前言

新中国成立以来，尤其是改革开放以来，我国社会经济发展取得了长足进步，经济总量已经位居世界前列，建设成就令世人瞩目。过去 30 多年中国经济基本上是在走一条靠高投入实现数量和规模扩张之路，大量低水平的重复建设，产业结构趋同，生产能力过剩，造成了稀缺资源的巨大浪费，也导致了生态环境的进一步恶化。在中共十六大、十七大和十八大上，党中央提出并确立了中国 2020 年实现全面建成小康社会宏伟目标。十八大报告指出，到 2020 年中国经济实现持续健康发展：转变经济发展方式取得重大进展，在发展平衡性、协调性、可持续性明显增强的基础上，实现国内生产总值和城乡居民人均收入比 2010 年翻一番。十八大报告同时指出，面对资源约束趋紧、环境污染严重、生态系统退化的严峻形势，必须树立尊重自然、顺应自然、保护自然的生态文明理念，把生态文明建设放在突出地位，融入经济建设、政治建设、文化建设、社会建设各方面和全过程，努力建设美丽中国，实现中华民族永续发展。

中国已经成为全球能源生产和消费第一大国。虽然中国主要依靠自身力量发展能源，能源自给率始终保持在 90％左右，但今后一段时期，中国仍将处于工业化、城镇化加快发展阶段，能源需求会继续增长，能源供应保障任务更加艰巨。首先，资源约束矛盾突出。中国人均能源资源拥有量在世界上处于较低水平，煤炭、石油和天然气的人均占有量仅为世界平均水平的 67％、5.4％和 7.5％。虽然近年来中国能源消费增长较快，但目前人均能源消费水平还比较低，仅为发达国家平均水平的 1/3，随着经济社会发展和人民生活水平的提高，未来能源消费还将大幅增长，资源约束不断加剧。其次，能源效率有待提高。中国产业结构不合理，经济发展方式有待改进。中国单位国内生产总值能耗不仅远高于发达国家，也高于一些新兴工业化国家。能源密集型产业技术落后，第二产业特别是高耗能工业能源消耗比重过高，钢铁、有色金属、化工、建材四大高耗能行业用能占到全社会用能的40%左右。能源效率相对较低，单位增加值能耗较高。第三，环境压力不断增大。化石能源特别是煤炭的大规模开发利用，对生态环境造成严重影响。大量耕地被占用和破坏，水资源污染严重，二氧化碳、二氧化硫、氮氧化物和有害重金属排放量大，臭氧及细颗粒物（$PM_{2.5}$）等污染加剧。未来相当长时期内，化石能源在中国能源结构中仍占主体地位，保护生态环境、应对气候变化的压力日益增大，迫切需要能源绿色转型。另外，能源安全形势严峻。近年来能源对外依存度上升较快，特别是石油对外依存度从21世纪初的32%上升至目前的57%。石油海上运输安全风险加大，跨境油气管道安全运行问题不容忽视。国际能源市场价格波动增加了保障国内能源供应难度。能源储备规模较小，应急能力相对较弱，能源安全形势严峻。

本书是在对国内外能源与可持续发展的大量研究基础上，经作者分析整理撰写而成。编写的宗旨是向更广泛的读者介绍能源与可持续发展的概念、能源与可持续发展的关系，以及实现可持续发展战略在能源方面应考虑的问题等。

本书第一版自2005年面世以来深受读者好评，8年后面临新的能源形势，进行了再版工作。

随着经济、社会、科技和文化的发展，我们必将越来越加深对人与自然关系的研究与理解，越来越自觉而及时地调整人与自然的关系，走出一条符合中国国情的现代化道路，实现经济社会的全面、协调、可持续发展，建立新的人与自然和谐关系，使中国真正成为发达的世界强国。本书再次出版如果能使读者对此方面多一些了解有一定的帮助，那么作者将倍感欣慰！

限于作者的研究水平、综合能力以及阅历等，本书在分析和综合方面必定存在很多疏漏和不足，欢迎读者批评指正，这既是对作者的关爱，也是对我国可持续发展战略的支持。

王革华　欧训民

2013年10月于清华园

第一版前言

20 世纪末期，没有任何一个概念像“可持续发展”那样能够引起全人类的共鸣。人类在深刻反思过去的发展历程基础上，严肃地提出了未来的发展模式——必须走可持续发展的道路！可持续发展战略含义深刻、内容广泛，既是经济发展的要求，也是社会发展的必须；既有对自然资源合理利用的规范，又有对人类文明进步的展望；既涉及科技进步，又关系到产业发展，……。可持续发展问题，是 21 世纪世界将要面对的最大中心问题之一，它关系到人类文明的延续，并成为直接参与国家最高决策的不可或缺的基本要素。“可持续发展”的概念提出后短短的几年内，已经迅速被全球所接受，并被引入到计划制定、区域治理与全球合作等行动当中。

毫无疑问，要实现可持续发展的战略目标，可持续能源供应的支持是必不可少的，也可以说能源是实现可持续发展的关键因素之一。自从人类告别了渔猎进入农耕以来，从刀耕火种开始，人类社会的文明进步一直依赖于能源这个物质基础的支撑。尤其是以蒸汽机为代表的工业革命以来，能源技术推动了经济和社会的高速发展，每时每刻都在改变着我们生活的各个方面，渗透到社会和经济的每个角落。不要说全面的能源危机，即使是须臾的停电也是现代社会经济和生活不能容忍的，后果是严重的甚至是灾难性的！但是，能源利用也造成了发展中的问题，大量矿物燃料的使用已经造成了酸雨等局部环境污染，并且由于大量二氧化碳的排放正在对大气环境造成影响，已成为温室气体的主要排放源。能源的开采、运输，以及农村地区大量消耗生物质能源造成了植被破坏、水土流失等一系列生态问题。另外，随着矿物燃料的日益枯竭，清洁能源的可持续供应问题已经迫切地摆到了我们面前！能源与经济、环境和社会问题交织在一起，向21世纪的发展提出了严峻挑战。

建国50多年来，尤其是改革开放多年的发展，我国社会经济取得了长足进步，经济总量已经位居世界六强，成就令世人瞩目。在中国共产党第十六次全国代表大会上，党中央提出了："全面建设小康社会，在优化结构和提高效益的基础上，国内生产总值到2020年力争比2000年翻两番"的奋斗目标。要实现这一奋斗目标，在未来20年内经济增长速度必须要达到年均7.2%，必须走出一条可持续发展的新型工业化道路。过去20多年中国经济基本上是在走一条靠高投入实现数量和规模扩张之路，大量低水平的重复建设，产业结构趋同，生产能力过剩，造成了稀缺资源的巨大浪费，也导致了生态环境的进一步恶化。中国能源消费总量已经超过13亿吨标准煤，占世界能源消费总量的近10%，居世界第二位。但由于人口众多，人均能源消费水平很低，甚至还有上千万农村人口没有电力供应。全面建设小康社会意味着全面提高全国人民的生活水平，要让大多数人享受到现代物质文明和精神文明，这就要求以较高的速度发展经济，还要加快城市化进程，能源消费的继续增长将不可避免。因此，21世纪中国的可持续发展面临着能源的严峻挑战：国内优质能源资源不足，能源环境问题严重，能源安全日益迫切，温室气体排放的压力等。

本书是在对国内外能源与可持续发展的大量研究基础上，经作者的分析整理而成。编写的宗旨是向更广泛的读者介绍能源和可持续发展的概念，能源与可持续发展的关系，以及实现可持续发展战略在能源方面应考虑的问题等。因此，本书先从能源与可持续发展的概述入手，进而阐述了能源与经济发展、社会进步，能源与环境、国家安全的关系，并介绍了国内外对未来能源需求前景的研究成果，同时探讨了建立一个可持续的能源系统，实现可持续发展的能源政策。贯穿全书的主线是能源是实现可持续发展的物质基础，经济增长和社会进步必须有充足的能源保证；能源利用不当会产生不利于可持续发展的环境问题；由于能源对经济社会发展具有如此重要的地位，能源已经成为各国所争夺的战略物资，能源供应事关国家安全。因此，本书提出可持续能源战略及其政策要解决的关键问题是如何扩大可靠的和支付得起的能源供应范围，同时减少能源使用中对健康和环境的负面影响即政策和政策体制应着重于扩大供应能力、激励能源效率的提高、加速可再生能源的普及、拓展先进清洁化石燃料技术的应用。

随着经济、社会、科技和文化的发展，我们必将越来越加深对人与自然关系的研究与理解，越来越自觉而及时地调整人与自然的关系，走出一条符合中国国情的现代化道路，实现经济社会的全面、协调、可持续发展，建立新的人与自然和谐关系，使中国真正成为发达的世界强国。本书如果能使读者对此方面的了解有一定的帮助，那么作者将备感欣慰！限于作者的研究水平、综合能力以及阅历等，本书在分析和综合方面必定存在很多缺陷，欢迎读者批评指正，这既是对作者的关爱，也表现出对我国可持续发展战略的支持。

编者

2004 年 6 月

目　　录

第 1 章

能源概论

1.1 能源的概念

能源的问题是 21 世纪的热门话题。这个话题涉及自然科学和社会科学的众多科学领域。当我们乘坐公共汽车的时候，当我们坐在家里面看电视的时候，能源始终关照着我们的生活。如果没有飞机汽车、没有电灯电视，无法想象现代人的生活会变成什么样子。那么能源是什么呢?

1.1.1 能源的定义

从物理学的观点看，能量可以简单地定义为做功的本领。广义而言，任何物质都可以转化为能量，但是转化的数量及转化的难易程度是不同的。比较集中而又较易转化的含能物质称为能源。由于科学技术的进步，人类对物质性质的认识及掌握能量转化方法也在深化，因此并没有一个很确切的能源的定义。但对于工程技术人员而言，在一定的工业发展阶段，能源的定义还是明确的。还有另一类型的能源即物质在宏观运动过程中所转化的能量即所谓能量过程，例如水的势能落差运动产生的水能及空气运动所产生的风能等等。因此，能源的定义可描述为：比较集中的含能体或能量过程称为能源。可以直接或经转换提供人类所需的光、热、动力等任何形式能量的载能体资源。

1.1.2 能源的分类

对能源有不同的分类方法。以能量根本蕴藏方式的不同，可将能源分为三大类：

第一类能源是来自地球以外的太阳能。人类现在使用的能量主要来自太阳能，故太阳有“能源之母”的说法。现在，除了直接利用太阳的辐射能之外，还大量间接地使用太阳能源。例如目前使用最多的煤、石油、天然气等化石资源，就是千百万年前绿色植物在阳光照射下经光合作用形成有机质而长成的根茎及食用它们的动物遗骸，在漫长的地质变迁中所形成的。此外如生物质能、流水能、风能、海洋能、雷电等，也都是由太阳能经过某些方式转换而形成的。

第二类能源是地球自身蕴藏的能量。这里主要指地热能资源以及原子能燃料，还包括地震、火山喷发和温泉等自然呈现出的能量。据估算，地球以地下热水和地热蒸汽形式储存的能量，是煤储能的1.7亿倍。地热能是地球内放射性元素衰变辐射的粒子或射线所携带的能量。此外，地球上的核裂变燃料（铀、钍）和核聚变燃料（氘、氚）是原子能的储存体。即使将来每年耗能比现在多1000倍，这些核燃料也足够人类用100亿年！

第三类能源是地球和其他天体引力相互作用而形成的。这主要指地球和太阳、月球等天体间有规律运动而形成的潮汐能。地球是太阳系的九大行星之一。月球是地球的卫星。由于太阳系其他八颗行星或距地球较远，或质量相对较小，结果只有太阳和月亮对地球有较大的引力作用，导致地球上出现潮汐现象。海水每日潮起潮落各两次，这是引力对海水做功的结果。潮汐能蕴藏着极大的机械能，潮差常达十几米，非常壮观，是雄厚的发电原动力。

能源还可按相对比较的方法来分类。

① 一次能源与二次能源。在自然界中天然存在的，可直接取得而又不改变其基本形态的能源，称为一次能源，如煤炭、石油、天然气、风能、地热等。为了满足生产和生活的需要，有些能源通常需要经过加工以后再加以使用。由一次能源经过加工转换成另一种形态的能源产品叫做二次能源，如电力、煤气、蒸汽及各种石油制品等等。大部分一次能源都转换成容易输送、分配和使用的二次能源，以适应消费者的需要。二次能源经过输送和分配，在各种设备中使用，即终端能源。终端能源最后变成有效能。

② 可再生能源与非再生能源。在自然界中可以不断再生并有规律地得到补充的能源，称为可再生能源。如太阳能和由太阳能转换而成的水力、风能、生物质能等。它们都可以循环再生，不会因长期使用而减少。经过亿万年形成的、短期内无法恢复的能源，称为非再生能源。如煤炭、石油、天然气、核燃料等等。随着大规模的开采利用，其储量越来越少，总有枯竭之时。

③ 常规能源与新能源。在相当长的历史时期和一定的科学技术水平下，已经被人类长期广泛利用的能源，不但为人们所熟悉，而且也是当前主要能源和应用范围很广的能源，称为常规能源，如煤炭、石油、天然气、水力、电力等等。一些虽属古老的能源，但只有采用先进方法才能加以利用，或采用新近开发的科学技术才能开发利用的能源；有些近一二十年来才被人们所重视，新近才开发利用，而且在目前使用的能源中所占的比例很小，但很有发展前途的能源，称为新能源，或称替代能源。如太阳能、地热能、潮汐能等等。常规能

源与新能源是相对而言的，现在的常规能源过去也曾是新能源，今天的新能源将来又成为常规能源。

④ 从能源性质来看，能源又可分为燃料能源和非燃料能源。属于燃料能源的有矿物燃料（煤炭、石油、天然气），生物燃料（薪柴、沼气、有机废物等），化工燃料（甲醇、酒精、丙烷以及可燃原料铝、镁等），核燃料（铀、钍、氘等）共四类。非燃料能源多数具有机械能，如水能、风能等；有的含有热能，如地热能、海洋热能等；有的含有光能，如太阳能、激光等。

从使用能源时对环境污染的大小，又把无污染或污染小的能源称为清洁能源，如太阳能、水能、氢能等；对环境污染较大的能源称为非清洁能源，如煤炭、油页岩等。石油的污染比煤炭小些，但也产生氧化氮、氧化硫等有害物质，所以，清洁与非清洁能源的划分也是相对比较而言，不是绝对的。

1.2　能源资源的利用及其开发

1.2.1　常规能源的开发和利用

（1）煤炭

煤炭是埋在地壳中亿万年以上的树木和植物，由于地壳变动等原因，经受一定的压力和温度作用而形成的含碳量很高的可燃物质，又称作原煤。由于各种煤的形成年代不同，碳化程度深浅不同，可将其分类为无烟煤、烟煤、褐煤、泥煤等几种类型，并以其挥发物含量和焦结性为主要依据。烟煤又可以分为贫煤、瘦煤、焦煤、肥煤、漆煤、弱黏煤、不黏煤、长焰煤等。

图片来源：http://www.shuozhou.gov.cn/n16/n1776061/n2041510/n2041644/2205191.html

煤炭既是重要的燃料，又是珍贵的化工原料。煤的用途非常广泛，我们的生产和生活都少不了它。由于煤的类型和用途不同，各种行业对煤质的要求也不同，各种类型的煤都可以作为工业燃料和民用燃料。20 世纪以来，煤炭主要用于电力生产和在钢铁工业中炼焦，某些国家蒸汽机车用煤比例也很大。电力工业多用劣质煤（灰分大于 30%）；蒸汽机车用煤则要求质量较高，灰分低于 25%，挥发分含量要求大于 25%，易燃并具有较长的火焰。在煤矿的附近建设的“坑口发电站”，使用了大量的劣质煤来作燃料，直接转化成电能向各地输送。另外，由煤转化的液体和气体合成燃料，对补充石油和天然气的使用也具有重要意义。

根据成煤条件，地球上的煤炭资源主要分部在北半球，且集中在北美、中国和前苏联，约占世界总蕴藏量的 80%以上。根据《BP 世界能源统计 2012》统计，截至 2011 年底全球煤炭探明储量为 8609 亿吨，其中 95%分布在北半球，南半球仅在南非和澳大利亚等国有较大储量。2011 年世界煤炭探明储量足以满足 112 年的全球生产需求，是目前为止化石燃料储产比最高的燃料。

中国煤炭资源的分布十分广泛，遍及全国各省区，并且生自各地质时代的煤炭都有。中国煤炭资源储量较为丰富，探明储量在全球排名第三，名列美国和俄罗斯之后，但人均占有量只居世界的中下水平。

（2）石油

石油是一种用途极为广泛的宝贵矿藏，是天然的能源物资。在公路上奔跑的汽车，在天上飞翔的飞机，在水里游行的轮船，它们主要都是使用石油或石油产品来作燃料的。

图片来源：http://epaper.usqiaobao.com:81/qiaobao/html/2010-08/04/content_330797.htm

但是石油是如何形成的，这个问题科学家一直在争论。目前大部分的科学家都认同的一个理论是：石油是由沉积岩中的有机物质变成的。因为在已经发现的油田中，99%以上都是分布在沉积岩区。另外，人们还发现了现代的海底、湖底的近代沉积物中的有机物，正在向石油慢慢地变化。

石油是一种黏稠的液体，颜色一般较深。直接开采出来的未经加工的石油称为"原油"，由于所含的胶质和沥青的比例不同，石油的颜色也不同。石油中含有石蜡，石蜡含量的高低决定了石油的黏稠度的大小。另外，含硫量也是评价原油的标准，含硫对石油加工和产品性质的影响很大。

石油同煤相比有很多的优点。首先，它单位质量释放的热量比煤大得多。每千克原煤燃烧释放的热量约为5000kcal（1kcal＝4.2kJ），而每千克的石油燃烧释放的热量为10000多千卡。石油使用方便，它易燃又不留灰烬，是理想的清洁燃料。

根据《BP世界能源统计2012》，到2011年底世界已探明的石油总储量为2343亿吨，足以满足54.2年的全球生产需求。世界第一大储油区是中东地区（48.1%），第二是拉丁美洲（19.7%），第三是北美洲（13.2%），第四是欧洲及欧亚大陆，第五是非洲。这五大油区占世界石油总量的97.5%。

（3）天然气

图片来源：http：//junshi.xilu.com/20130204/news_44_321962.html

天然气是地下岩层中以碳氢化合物为主要成分的气体混合物的总称。天然气是一种重要能源，燃烧时有很高的发热值，对环境的污染也较小，而且还是一种重要的化工原料。天然气的生成过程同石油类似，但比石油更容易生成。天然气主要由甲烷、乙烷、丙烷和丁烷等烃类组成，其中甲烷占80%～90%。天然气有两种不同类型：一是伴生气，由原油中的挥发性组分所组成。约有40%的天然气与石油一起伴生，称油气田。它溶解在石油中或是形成石油构造中的气帽，并对石油储藏提供气压。二是非伴生气，与液体油的积聚无关，可能是一些植物体的衍生物。约为 60% 的天然气为非伴生气，即气田气，它埋藏更深。很多来源于煤系地层的天然气称为煤层气，它可能附于煤层中或另外聚集。在 7～17MPa 和 40～70℃时每吨煤可吸附 13～30m^3 的甲烷。即使在伴生油气田中，液体和气体的来源也不一定相同。它们所经历的不同的迁移途径和迁移过程完全有可能使它们最终来到同一个岩层构造中。这些油气构造不是一个大岩洞，而是一些多孔岩层，其中含有气、油和水，这些气、油、水通常都是分开的，各自集聚在不同的高度水平上。油、气分离程度与二者的相对比例、石油黏度及岩石的孔隙度有关。

天然气的勘探、开采同石油类似，但收采率较高，可达 60%～95%。大型稳定的气源常用管道输送至消费地区，每隔 80～160km 需设一增压站，加上天然气压力高，故长距离管道输送投资很大。

天然气中主要的有害杂质是 CO_2、H_2O、H_2S 和其他含硫化合物。因此天然气在使用前也需净化，即脱硫、脱水、脱二氧化碳、脱杂质等。从天然气中脱除 H_2S 和 CO_2 一般采用醇胺类溶剂。脱水则采用二甘醇、三甘醇、四甘醇等，其中三甘醇用得最多；也可采用多孔性的吸附剂，如活性氧化铝、硅胶、分子筛等。

天然气在高压和深度冷冻的条件下冷凝形成液态天然气，即液化天然气。液化天然气体积仅为原来天然气体积的 1/600，因此可以用冷藏油轮长途运输，运到使用地后再予以气化。另外，液化天然气可为汽车直接使用。

根据《BP 世界能源统计 2012》，到 2011 年底世界已探明的天然气总储量为 208.4 万亿立方米。世界天然气资源分布不均。中东地区和前苏联地区资源最为丰富，分别占到世界总量的 38.4%和 35.8%。截至 2011 年末，全球天然气探明储量足以保证 63.6 年的生产需求，其中中东地区的储采比超过 150 年。

（4）水能

许多世纪以前，人类就开始利用水的下落所产生的能量。最初，人们以机械的形式利用这种能量。在 19 世纪末期，人们学会将水能转换为电能。早期的水电站规模非常小，只为电站附近的居民服务。随着输电网的发展及输电能力的不断提高，水力发电逐渐向大型化方向发展，并从这种大规模的发展中获得了益处。

水能资源最显著的特点是可再生性和无污染性。开发水能对江河的综合治理和综合利用具有积极作用，对促进国民经济发展，改善能源消费结构，缓解由于消耗煤炭、石油资源所带来的环境污染有重要意义，因此世界各国都把开发水能放在能源发展战略的优先地位。

图片来源：http://news.m4.cn/2012-07/p1169405_6.shtml

世界河流水能资源理论蕴藏量为 40.3 万亿千瓦时，技术可开发水能资源为 14.37 万亿千瓦时，约为理论蕴藏量的 35.6%；经济可开发水能资源为 8.08 万亿千瓦时，约为技术可开发的 56.22%，为理论蕴藏量的 20%。发达国家拥有技术可开发水能资源 4.82 万亿千瓦时，经济可开发水能资源 2.51 万亿千瓦时，分别占世界总量的 33.5%和 31.1%。发展中国家拥有技术可开发水能资源共计 9.56 万亿千瓦时，经济可开发水能资源 5.57 万亿千瓦时，分别占世界总量的 66.5%和 68.9%，可见世界开发水能资源主要蕴藏量在发展中国家。中国水能资源理论蕴藏量、技术可开发和经济可开发水能资源均居世界一位，其次为俄罗斯、巴西和加拿大。

(5) 核能

从 1932 年发现中子到 1939 年发现裂变，结果经历了七年之久才把巨大的裂变能从铀核中解放出来。它同已知的只有几个电子伏的化学能相比，要大几百万倍，而同一般的核反应能相比也要大十倍左右。仅发生裂变释放能量还不理想，作为核燃料的原子核在中子轰击下发生分裂，一个原子核吸收一个中子而裂变后，除了能释放出巨大能量外，还伴随产生两至三个中子。即由中子引起裂变，裂变后又产生更多的中子。在一定的条件下，这种反应可以连续不断地进行下去，称为链式反应。经过科学家的努力，实现了人为控制链式反应，使裂变可以进行，可以停止，形成了反应堆。

裂变后能释放出巨大的能量，这种能量，称为核能。面对这么强大的能量，人们总是又爱又怕。第二次世界大战中使用的原子弹已经在人类的记忆中刻下了很深的伤痕。核武器的发展是科学家们忌惮的事情。由于对核能的错误

图片来源：http://www.businesstimes.com.hk/a-20110315-111455/function.mysql-connect

认识，导致很多普通人谈核色变，实际上核能发电技术是比火电技术更为清洁环保获得优质能源的技术方式。根据国际原子能机构统计，到2011年底，全世界共有443座核电站在运行，总装机容量约为366GW。全球核电最多的国家依次为美国、法国、日本、德国、俄罗斯和加拿大，这六国的核电总装机量占全世界的70%以上。

1.2.2 新能源和可再生能源的开发利用

（1）太阳能

图片来源：http://www.sizo.com.cn/the/20130202/55219.html

世界上许多古老的国家，如埃及、希腊和中国，有过很多关于取天火的传说。所以古代人们崇拜太阳神是不足为奇的。希腊神话中，普罗米修斯盗取天火洒向人间的故事，至今还深深地印在许多人的脑海里。可以说地球上的一切能源都是来自太阳。各种形式的能量都是直接或者间接地来自于太阳能。

太阳这颗巨大的恒星，不停地通过核聚变反应向宇宙释放大量的能量，能到达地球的能量为太阳辐射总量的 22 亿分之一，经大气层的反射和吸收，能到达陆地的约为 1.7×10^{13}kW，是地球上每年发电功率的几万倍。如果人类能有效地利用这些能量，那么未来的世界就不会为了能源的枯竭问题担忧了。

目前，人们利用太阳能的方式很多，主要利用太阳能加热、取暖和发电。人们现在可以使用太阳能热水器、太阳灶、太阳能硅电池等等，但是使用的范围还非常的小。作为可再生能源中非常重要的太阳能，利用及发展的最完善的应该算是太阳能热水器。利用太阳辐射聚集热量，节约了电能。太阳能热水器的种类繁多，整体式热水器、平板式热水器、真空管热水器。最近 10 年，我国在研究开发太阳能热水器的领域中发展很快，中国的太阳能热水器生产量和使用量均居世界第一。

太阳能的发展方向是利用太阳能发电，太阳能发电分光热发电和光伏发电。不论产销量，发展速度和发展前景，光热发电都赶不上光伏发电。光伏发电是根据光生伏打效应原理，利用太阳电池将太阳光能直接转化为电能。光伏电池被认为是目前世界上最有发展前途的一种可再生能源技术。

光伏系统的高成本一直是阻碍其发展的最大障碍，但由于光伏系统不需要移动设备，因此其运行和维护成本相对较低，约为年投资成本的 0.5%。有研究表明，光伏系统技术的学习率约为 15%～20%，较高的学习率导致了其成本在 20 世纪 90 年代早期到 2004 年期间持续下降。但自 2004 年以来，随着需求的增加，光伏系统的价格又有所上升，总体而言，随着新生产线和硅提炼厂的建设，晶体硅的成本有望进一步降低。光伏发电系统在一些偏远地区和特殊场合已经具有了很强的竞争力。世界各大公司也纷纷加入到光伏电池的发展当中，制定了宏伟的发展计划。根据能源技术展望中低碳情景预测，如果将第三代太阳能光伏发电技术与建筑相结合，还可大大降低安装费用，而 IEA 在假设系统寿命为 35 年，利率为 10%的情况下，光伏系统的发电成本在 2050 年有可能降低到 0.05～0.07 美元/(kW·h)（年运行时间在 1600h 以上）。

（2）风能

风是地球上的一种自然现象，它是由太阳辐射热引起的。太阳照射到地球表面，地球表面各处受热不同，产生温差，从而引起大气的对流运动形成风。风是流动的空气，有速度，有密度，所以包含能量。据估计到达地球的太阳能

图片来源：http://www.nipic.com/show/1/33/7d3b0e969d6c18c2.html

中虽然只有大约2%转化为风能，但其总量仍是十分可观的。全球的风能约为 2.74×10^9MW，其中可利用的风能为 2×10^7MW，比地球上可开发利用的水能总量还要大10倍。

风能就是空气流动所产生的动能。大风所具有的能量是很大的。风速9～10m/s的5级风，吹到物体表面上的力，每平方米面积上约有10kgf（1kgf=9.80665N）。风速20m/s的9级风，吹到物体表面上的力，每平方米面积可达50kgf左右。台风的风速可达50～60m/s，它对每平方米物体表面上的压力，竟可高达200kgf以上。汹涌澎湃的海浪，是被风激起的，它对海岸的冲击力是相当大的，有时可达每平方米20～30tf的压力，最大时甚至可达每平方米60tf左右的压力。

风能是干净的能源，古代就利用风能作为动力，用风带动简易的传动装置，用以磨米、灌溉和排涝。在古埃及、古希腊的历史上也都有使用风车的记载。唐·吉诃德把风车当做魔鬼，与之奋战一场，也说明在人类历史上早就利用过风的力量。

专家们估计，风中含有的能量，比人类迄今为止所能控制的能量高得多。全世界每年燃烧煤炭得到的能量，还不到风力在同一时间内所提供的能量的1%。据世界气象组织估计，整个地球上可以利用的风能为 2×10^7MW。为地球上可资利用的水能总量的10倍。可见，风能是地球上非常重要的能源之一。合理利用风能，既可减少环境污染，又可减轻越来越大的能源短缺的压力。

目前风能利用的主要形式是风能发电和风能提水，其主要设备是风力机和风力发电系统。近代的风力提水发展得最好的国家是荷兰，荷兰被称作风车之国，那里的人们在还没有电能的时候，就开始利用风能生产生活了，1880 年最鼎盛时期有一万多架风车。荷兰人拦海造田，风车帮助他们提干了海水，留下大片土地。荷兰还制定出世界上最特别的法律——《风法》，授予风车主人以“风权”，他人不得在风车附近修筑其他建筑物。现代风力提水机按作业性质和水源条件可分为两类：一类为低扬程大流量风力提水机，适用于河渠提水灌溉、排涝或盐场提水制盐；另一类是高扬程小流量风力提水机，它适用于深井提水。

进入 21 世纪，风力发电在新能源和可再生能源行业中增长最快，年增达 20%左右，美国、意大利和德国年增长更是高达 50%以上。德国风电已占总发电量的 3%，丹麦风电已占总发电量的 10%以上。截至 2011 年底，全球风电装机容量已达 237669MW 以上。拉丁美洲、非洲和亚洲正在成为拉动全球风电市场发展的主要动力。由于风力发电技术相对成熟，许多国家投入较大、发展较快，使风电价格不断下降，目前风力发电成本 0.4～0.7 元/(kW・h)，若考虑环保和地理因素，加上政府税收优惠和相关支持，在有些地区已可与火电等能源展开竞争。

海上风电作为全球风电的最新的技术发展趋势，作为未来最有可能降低风电发电成本的新技术一直是全球备受关注的一个热点话题。然而到目前为止，海上风电的装机容量依然不足全球总装机容量的 2%，即使是按全球最乐观的预测，到 2020 年海上风电只能占到全球风电发展的 10%。根据全球风能理事会的统计，2011 年全球海上风电新增装机容量约为 1000MW，增长速度为 −2.5%。海上风电的发展任重道远。全球 90%以上的海上风电装机容量发生在欧洲，特别集中在北海、波罗的海、英吉利海峡等地；余下的不足 10%主要发生在亚洲，特别是中国。

(3) 生物质能

生物质是讨论能源时常用的一个术语，是指由光合作用而产生的各种有机体。生物质能是太阳能以化学能形式贮存在生物中的一种能量形式，一种以生物质为载体的能量，它直接或间接地来源于植物的光合作用，在各种可再生能源中，生物质是独特的，它是贮存的太阳能，更是一种唯一可再生的碳源，可转化成常规的固态、液态和气态燃料。据估计地球上每年植物光合作用固定的碳达 2×10^{11}t，含能量达 3×10^{21}J，因此每年通过光合作用贮存在植物的枝、茎、叶中的太阳能，相当于全世界每年耗能量的 10 倍。生物质能是列于煤炭、石油和天然气之后的第四大能源，生物质遍布世界各地，其蕴藏量极大。世界上生物质资源数量庞大，形式繁多，其中包括薪柴、农林作物，尤其是为了生产能源而种植的能源作物、农业和林业残剩物、食品加工和林产品加工的下脚

图片来源：http://www.xnyfd.com/ztbd/html/? 24334.html

料、城市固体废弃物、生活污水和水生植物等等。生物只能可以转化为多种形式的二次能源，转化为气体、液体燃料，也可以用于发电。

沼气是由厌氧微生物分解转化有机物而生成的一种可燃性气体。沼气主要成分是甲烷和二氧化碳，此外还有少量的氢气、一氧化碳及硫化氢等，总的可燃成分含量一般在60%～70%。沼气是人们用某种装置进行厌氧发酵，并加以收集与利用的可燃性气体。它可用于燃烧、照明、发电和制取一氯甲烷、二氯甲烷、三氯甲烷及四氯化碳等化工原料。

生物质转化为电能的技术包括：直接燃烧（包括与煤及其他燃料共燃）、气化和热解。气化和直接燃烧是利用生物质原料发电的主要方法。直接燃烧发电的过程是：生物质与过量空气在锅炉中燃烧，产生的热烟气和锅炉的热交换部件换热，产生出的高温高压蒸汽在蒸汽轮机中膨胀做功发出电能。

图1.1给出了生物质转化路线。如图显示生物质的转化有大致三种途径，热化学方法、生物化学方法和提取法。不同的途径可以得到不同的生物质燃料，主要的产品有，生物质燃气、液体燃料、煤气、沼气和液体燃料、生物油。

（4）海洋能

地球表面积约为 5.1×10^8km，其中陆地表面积为 1.49×10^8km，占29%；海洋面积达 3.6×10^8km，占71%。以海平面计，全部陆地的平均海拔约为840m，而海洋的平均深度却为380m，整个海水的容积多达 $1.37\times10^9km^3$。一望无际的汪洋大海，不仅为人类提供航运、水产和丰富的矿藏，而且还蕴藏着巨大的能量。海洋能是指潮汐能、波浪能、海流能、温差能、盐差能以及新近发现的海底甲烷冰等。根据联合国教科文组织1981年出版物的估计数字，五种海洋能理论上可再生的总量为766亿千瓦。其中温差能为400

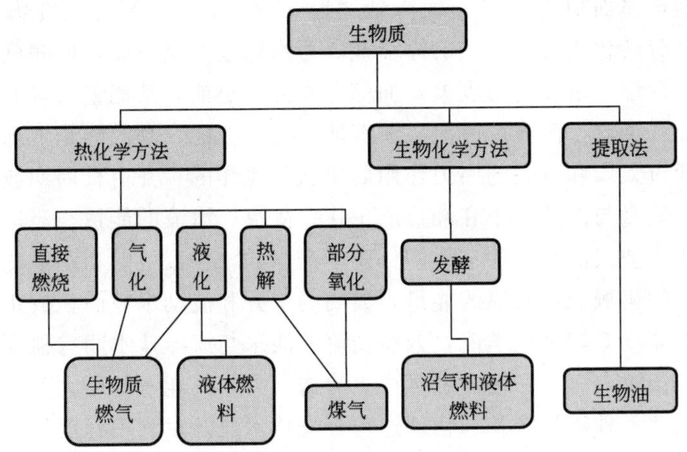

图 1.1　生物质的各种转化路线

图片来源：http://www.hssyxx.com/zhsj/kexue-2/zutiweb/zu42/048.htm

亿千瓦，盐差能为 300 亿千瓦，潮汐和波浪能各为 30 亿千瓦，海流能为 6 亿千瓦。但是难以实现把上述全部能量取出，设想只能利用较强的海流、潮汐和波浪；利用大降雨量地域的盐度差，而温差利用则受热机卡诺效率的限制。因此，估计技术上允许利用功率为 64 亿千瓦，其中盐差能 30 亿千瓦，温差能 20 亿千瓦，波浪能 10 亿千瓦，海流能 3 亿千瓦，潮汐能 1 亿千瓦（估计数字）。如此巨大的再生能源，对于人类的未来寄予了无限美好的憧憬。

潮汐与潮流能来源于月球、太阳引力，其他海洋能均来源于太阳辐射，海洋面积占地球总面积的71%，太阳到达地球的能量，大部分落在海洋上空和海水中，部分转化为各种形式的海洋能。海水温差能是热能，低纬度的海面水温较高，与深层冷水存在温度差，而储存着温差热能，其能量与温差的大小和水量成正比；潮汐、潮流，海流、波浪能都是机械能，潮汐能是地球旋转所产生的能量通过太阳和月亮的引力作用而传递给海洋的，并由长周期波储存的能量，潮汐的能量与潮差大小和潮量成正比；潮流、海流的能量与流速平方和通流量成正比；波浪能是一种在风的作用下产生的，并以位能和动能的形式由短周期波贮存的机械能，波浪的能量与波高的平方和波动水域面积成正比；河口水域的海水盐度差能是化学能，入海径流的淡水与海洋盐水间有盐度差，若隔以半透膜，淡水向海水一侧渗透可产生渗透压力，其能量与压力差和渗透流量成正比。因此各种能量涉及的物理过程开发技术及开发利用程度等方面存在很大的差异。

海洋能的利用方式主要是发电。

（5）地热能

图片来源：http://www.csxsxx.com/zhuantiwang/ziranwang/kexueb/kexue-2/zutiweb/zu42/044.htm

科学家们研究，人类居住的地球，曾经是从太阳派生出来的一个行星，最初也是一个高热的球体，大概像太阳一样，是由放射性元素进行的不断热核反应，大约经过四五十亿年以后，表面逐渐冷却，并形成了地壳。但是地球的内部仍是炽热的，而且它的热一直不断地向太空释放。这种现象在地球物理学上就叫大地热流。地热能是来自地球深处的可再生热能。它起源于地球的熔融岩浆和放射性物质的衰变。地下水的深处循环和来自极深处的岩浆侵入到地壳后，把热量从地下深处带至近表层。人们把地热资源按存在型式分为五类，即蒸汽型、热水型、地压型、干热岩型和岩浆型。目前主要利用地热蒸汽和地热水两类，地压热和干热岩热的开发利用正处于实验阶段，而岩浆热的开发还处于基础研究阶段。一般把有经济价值可供开采利用的地区叫地热田，地热田可分为水热地热田相干热岩体地热田两大类。前者上面有一层不透水的盖层，可防止热水自发上升到地表。地热田压层以下储存的是热水，其温度在 200～300℃之间，通过钻孔流到地面后，由于压力降低，使得一部分热水变为蒸汽。后者是指地壳里的地下岩体温度高达数百摄氏度，由于地下既无热水又无蒸汽，不易将其热量引到地面上应用，一般需采取钻孔注水的办法将其热量引出。如果热量提取的速度不超过补充的速度，那么地热能便是可再生的。高压的过热水或蒸汽的用途最大。

地热资源的开发和利用取决于资源的赋存状况和技术特征。自古时候起人们就已将低温地热资源用于浴池和空间供热，近来还应用于温室、热力泵和某些热处理过程的供热。在商业应用方面，利用干燥的过热蒸汽和高温水发电已有几十年的历史。利用中等温度（100℃）水通过双流体循环发电设备发电，也已取得了明显的进展，该技术现在已经成熟。地热热泵技术后来也取得了明显进展。由于这些技术的进展，这些资源的开发利用得到较快的发展，也使许多国家的经济上可供利用的资源的潜力明显增加。从长远观点来看，研究从干燥的岩石中和从地热增压资源及岩浆资源中提取有用能的有效方法，可进一步增加地热能的应用潜力。

1.2.3　电力

电的发现是个神奇的开始，它已经成为现在应用最多和最广泛的二次能源。这个无声无息的庞然大物包围了人们的生活，在每个角落里面，人们都无法离开电能。而没有电的世界，如同没有阳光，是现代人无法想象的。

作为能源，电能是由一次能源转化来的。除了干电池、蓄电池，人们通常使用的电都是指从发电厂发出来的电。电力能源，使用起来方便清洁，易于输送，容易转化成其他形式的能量。电已成为现代生产不可或缺的动力，已与现代生活密不可分。电力工业是国民经济的重要部门，关系着国家工业生产的命脉。所以发展电力是当今每个国家的重点。基本上大部分的一次能源都在为电力行业服务。

20 世纪 70 年代以前，世界电力处于大发展时期，那时电力年增长速度达 7%。在这之后电力发展开始减慢，特别是发达国家，电力增长速度降为1%～3%，而发展中国家电力增长速度加快，达到 3%～5%，特别是中国和印度。但全世界电力发展速度并不平衡，到 2011 年底还有 14 亿人口未用上电。

发电厂按其所用的一次能源的不同，可分为三类型：火力发电厂、水力发电厂和核能发电厂。其中火力发电厂在全世界发电厂总装机容量中，占70%以上。

以煤炭、石油和天然气等为燃料的发电厂，叫做火力发电厂。火力发电的原理是：将燃料燃烧时的化学能，转换为水蒸气的热能；水蒸气推动汽轮机转动，将热能转换为机械能；汽轮机带动发电机转动，将热能转换为电能。火力发电原理不算复杂，但是实际的发电设备及生产流程比较大。

水力发电是利用江河所蕴藏的能量来发电的，水能资源干净而且廉价。水力发电厂的容量由江河水上下游的水位差级江河的流量所决定的。水力发电的原理和基本生产过程是：从江河较高处或水库内引水，利用水的压力或流速冲动水轮机旋转，水轮机在带动发电机旋转，从而发出电来。水力发电的优点是生产过程比较简单，所需要的工作人员少，易于自动化，不消耗燃料；发电成本低，效率高。大型的水电站的发电效率为80%～90%，而火力发电的效率一般是30%～40%，发电成本却仅为火力发电的1/4～1/3。环境污染小。但是建设大型的水电厂投资很大，建设期长，通常都要几个年头，而且水力发电受气象水文、水期丰枯的影响，发电不如火电厂稳定。

核能发电是人类发展史上一项技术的飞跃，由于煤炭石油资源的储量不断下降，水能资源也是受地区限制的，许多国家开始转向研究核能发电。核能发电的原理是：核燃料在原子反应堆内产生核裂变，即发生链式反应，释放出大量的热能；用冷却剂将热能带出，把蒸汽发生器中的水加热成蒸汽；此后则与一般火力电站一样，用蒸汽为动力，去推动汽轮机带动发电机发电。自20世纪50年代出现核电站以来，核电发展走过了风风雨雨几十年的历程。随着科技的飞速发展，目前人类已对核电生产的全过程实施计算机控制，使核电生产的安全系数大为提高，核电站的使用寿命也由原先的20年左右延长到60年以上。目前，世界上正在运行的核反应堆超过400个。国际原子能机构统计最近20年核电占全世界全部发电量的比重约为16%。

除了以上几种主要的发电形式之外，人类已经开始利用新能源来发电，比如光伏发电，风能发电，海洋能发电，生物质能发电和垃圾发电等。虽然这些新能源的利用才刚刚开始，适用的范围也非常有限，但是它们已经为电力事业的发展打开了一个崭新的前景。

1.2.4 氢能

氢，这种自然界最轻的元素，正在能源领域崭露头角。氢能是人类热切期待的新的二次能源。

然而，自然存在的氢气很少，氢多以化合物形式存在；获得自然（或自由）氢很困难，需要消耗较多的其他能量才能得到适量的自然氢，很不划算。这就是氢虽好但长期未被作为主要能源的原因。自从 20 世纪 70 年代两次石油危机以来，人类逐步使用高新技术加快了对氢能源的开发速度，扩大了氢能源的使用规模。

氢的燃烧热值异常高，每千克氢可产生热能 120.4MJ，是汽油的 3 倍左右，除核燃料外，所有的矿物燃料或化工燃料均望尘莫及；氢易燃烧，爆发力强，并且燃烧速率快。氢元素的储量极多，占整个宇宙物质的 75%以上，太阳的成分 80%是氢（体积分数），按质量计算，地壳有 1/4 是氢物质。氢还是一种无色、无味、无毒的清洁气体，扩散速率快，热导率和热容都很高，因此是一种极佳的冷却工质和热载体。可以采用气态、液态和金属氢化物的固态形式对氢进行运输或储存。氢燃烧时无烟无尘，只生成水，而水又可被某种能量分解成氢和氧，以此循环而再生不已。因此，氢是人类长期以来梦寐以求的理想而清洁的新能源。

传统的制氢方法由于消耗化石燃料或耗电量大，产量少，成本高，难以满足作为能源的要求。如常用的电解水制氢法，是在碱性电解液中通以直流电流，水被电解，在阴极上产生氢气，阳极上产生氧气（这和氢、氧燃烧生成水的过程恰好相反）。如果能连续补充纯水，则可从两电极上不断地得到氢和氧。此法虽然简单，但电解效率不高（约 75%），再考虑发电厂的发电效率，从一次能源（化石燃料）变为氢的效率往往只有 30%左右。

低电耗氧化制氢法的全称叫低电耗化学催化氧化制氢法，又叫水煤浆液电解制氢法、电化学气化法，是美国柯弗林教授首先提出的。即在酸性电解质中，于阳极区加煤粉或其他含碳物质作为去极化剂。其反应结果是：阳极产物为二氧化碳；阴极产物为纯氢。这样出氢的电效率接近 100%，所用的电解电压仅 1V 左右，比普通的电解电压低一半，从而大大降低了产氢的电耗。而且，此种制氢方法可在电网低峰负荷（用电量最少）时进行，这不仅使制氢成本降低，还能对电网起调峰作用。20 世纪 80 年代以来，各国学者纷纷在上述方法的基础上进行研究，1988 年美国在新墨西哥州着手试验，已建起年产氢气 28 万立方米的装置。与此同时，日本和西欧一些国家还对此作了某些改进，我国也已经在这方面着手进行实验室研究。

以煤、石油及天然气为原料制取氢气是当今制取氢气最主要的方法。在我国能源结构中，在今后相当长一段时间内，煤炭还将是主要能源。如何提高煤的利用效率及减少对环境的污染是需不断研究的课题，将煤炭转化为氢是其途径之一。

氢在通常情况下呈气态存在。目前，氢的储运有三种方式：一是气态储运，将氢气储在地下库罐内，也可装入钢瓶中；二是液态储运，即把氢气冷却至零下240℃，使其变为液态，储存在大罐内；三是利用金属氢化物储存，即利用各种能捕获氢的所谓储氢材料来储存氢，这些材料多半是合金材料。现已研制成的储氢合金有：稀土系的镧镍，每千克可储氢153L；钛系的钛铁，吸氢量较多；镁系的镁合金，其吸氢量最大；此外还有锆系。这些储氢材料储氢性能良好，但价格较昂贵。金属储氢材料可应用于汽车，进行汽油、氢混合燃烧，只要在汽油中加入5%的氢，就可节省20%～30%的汽油，且使汽车排气清洁许多。

燃料电池发电系统是实现氢能应用的重要途径。利用燃料电池驱动的汽车受到了很多国家的欢迎。美国、法国、德国有关的电动车和氢燃料电池的厂商和科研机构开展了这方面的研究。目前已有一些示范项目在进行。我国目前也开始开发研制氢燃料电池。在我国质子交换膜燃料电池（PEMFC）已有技术基础上，除继续加强大功率PEMFC的关键技术研究外，还应注意PEMFC系统工程关键技术开发和系统技术集成，这是PEMFC发电系统走向实用化过程的关键。此外，天然气重整制氢技术开发与实用化对在我国推广PEMFC发电系统有着重要的现实意义。PEMFC电动汽车具有行驶阶段零排放的突出优点，在各类电动汽车发展中占有明显的优势。

氢能所具有的清洁、无污染、效率高、重量轻和储存及输送性能好、应用形式多等诸多优点，赢得了人们的青睐。利用氢能的途径和方法很多，例如航天器燃料、氢能飞机、氢能汽车、氢能发电、氢介质储能与输送，以及氢能空调、氢能冰箱等等，有的已经实现，有的正在开发，有的尚在探索中。随着科学技术的进步和氢能系统技术的全面进展，氢能应用范围必将不断扩大，氢能将深入到人类活动的各个方面，直至走进千家万户。

1.3 人类利用能源的历史和未来

1.3.1 火的使用

人类的发展史可以说和人类利用能源的历史密不可分，因为每一次能源的开发和利用都给人类的生活带来重大的影响。

地质历史和人文历史的资料告诉我们，地球上人类的出现大约是在距今数百万年前的时期。那个时代的人类和现代的人类不同，被称为猿人，是未开化的阶段。这些远古的祖先还不知道如何利用工具和使用火种。大概经历了几百万年的进化，人类的祖先才开始使用一些简单的石器。

中国历史上的三皇五帝之一的燧人氏最大的功劳是发明了人工取火。后来的古书对这件事是这样说的：远古的时候，老百姓吃的是生冷的瓜果、蚌、蛤，这些食物中有许多难于消化，吃下去很伤脾胃，老百姓也因为这一点而经常得胃肠疾病。这时，有一个非常了不起的人物出现了，他发明了取火方法，用火来烤、煮生冷的食物。这样，又腥又臊的蚌蛤一类的食物就变得非常好吃了。他把取火和烤煮食物的办法教给了老百姓，老百姓非常高兴，也很感激他，就让他当老百姓的领袖，把他称为燧人氏。燧人氏是领袖的称号。

燧人氏发明人工取火的方法，是非常不容易的。那么他究竟是怎样得到火的呢？据说，他是用“钻木”的方式得到火的。他懂得钻木取火，又是从自然现象中受到启发的结果。古书上记载了这样一个传说：很久很久以前，有个国家叫遂明国。遂明国有一种大树，名叫“燧”。燧这种树长得非常高大，它遮蔽的阴凉地就有好多亩。后来有一个了不起的人来到这个地方，在树下休息。他休息时，突然发现有一只鸟在啄这棵树时，大树竟然冒出火花来。这个人由此受到启发，他也用一个小树枝来钻树木，结果真的也冒出了火花。后来他逐渐用别的树枝在木头上使劲钻，同样生出了火。取火方法就这样发明出来了。

燧人氏钻木取火，这只是一种传说，不过这种传说也有历史的影子。所说的燧人氏，实际上是原始社会时期我们的祖先。历史学家告诉我们，中国这片广大的领土上，早在 170 万年以前就有了人。著名的北京猿人生活在距今 50 万年以前，已经学会用火，这是一个伟大的进步。在北京猿人居住的岩洞里，考古学家发现了很厚的灰层，有的地方竟然有六米厚。不过，北京猿人所使用的火，并不是人类自己制造出来的火，而是天然的火。比如，天上打雷，引燃森林里的枯枝，使森林燃烧；也许，原始人在森林或草原的一场大火之后，发现那些被烧死、烧熟了的动物的肉，比他们原来吃的生肉更香，因而受到启发，开始有意地去采集和保存火种。火的使用，使原始人掌握了一种强大的自然力，大大地增加了自己的力量。有了火，原始人可以用它烘干潮湿的洞穴，生活条件得到极大的改善。火的使用，使北京猿人成为吃熟食的人。他们把动物打死以后，拖回山洞，放在火上烧熟了，不仅味道鲜美，而且更容易消化，为身体提供更加丰富的营养。这样，人类的体质更健壮，大脑也更加发达。

原始人人工取火的方法，是人类在制造工具或武器的过程中发明的。当人们制造石器的时候，两块燧石相撞，会迸发出火星。制造木棒的时候，木头经过长时间的摩擦也会发热，甚至冒出烟来。不知经过多少万年的摸索，人类在总结用火和保存火种经验的基础上，进一步掌握了火的性能，找到了取火的方法。用赤铁矿石和燧石互相碰撞来取火，是人类最早发明的取火方法。这两种石头相碰发出的火星比其他的石头多，也更容易点燃干草一类的易燃物品。除了用石头碰撞取火以外，人类还发明了摩擦取火、锯木取火等多种方法，而钻木取火曾是取火的重要方法。

1.3.2 煤炭的黄金时代

大约在1万年以前，出现了原始的农业社会，人类摆脱了只靠人力、畜力从事活动的局面，开始进入利用能源的时代。人类认识和利用煤的历史非常悠久。中国是世界上最早发现并利用煤炭、石油和天然气的国家之一。有文字记载的开采和利用煤炭的历史，可以追溯到2000多年的战国时代（《山海经》中所称“石涅”）。

人类真正进入煤炭时代则是在18世纪。在欧洲，当时英国的煤产量处于遥遥领先的地位，是整个欧洲大陆的3～4倍。煤炭时代的到来是人类对能源这种资源旺盛需求的结果，煤炭推动了工业革命的进程。在长达两个世纪的第一次工业革命时期，煤炭一直是能源之王。

在煤炭代替木炭作燃料炼铁这一技术变革之前，冶炼业一直大量消耗着森林资源。大量砍伐森林导致了燃料恐慌，而用煤炭作燃料可以大幅度提高生铁的产量，并可以将生铁炼成熟铁。这为以后的大工业发展创造了条件。以煤为燃料的蒸汽机的发明是工业革命开始的标志。以机器劳动代替手工劳动，开始使用大量的、天然的、廉价的能源。煤炭的开发使用带来的另一重大进步便是炼钢工业的发展和成熟。1770年用焦炭冶炼出世界上第一批有价值的钢铁，冶金工业的发展带来了材料的革命。有了先进的材料工艺，蒸汽机的发明生产有了条件。1782年瓦特发明了蒸汽机，3年之后蒸汽机用于纺织行业。从此，工业革命席卷了整个欧洲，改变了世界。

煤的开发是工业革命的基础和先导。1850～1870年间，英国煤炭产量从5000万吨增加到11200万吨，生铁产量从230万吨增加到600万吨。分别占世界总产量的52%和50%。

以煤炭为能源，蒸汽机为动力的第一次工业革命使得英国到处都可以闻到蒸汽的气息。工厂遍地开花，一座座的厂房烟囱拔地而起。中世纪的古典优雅的田园生活突然间被浓烟包围起来，生活迅速地喧闹嘈杂起来。社会分化越来越明显，历史进入了一个崭新的时代。可以说这个时代是以煤炭作为动力而开创出来的。而英国依靠着先进的科学技术成为当时的霸主，在整整一个世纪中扩张着自己的地位和权力，直到另一个时代的来临。

1.3.3 石油的天地

和煤炭一样，人类对石油的认识并不是在现代才有的。2000年前，我国西北地区人民用石油点灯；北魏时期用石油润滑车轴；唐宋以来用石油制作蜡烛及油墨；北宋时，开封出现了炼油作坊，所炼的油用于军事，作燃烧器的燃料；元朝时，用于医药、治六畜疥癣。我国古代的石油钻井工艺也不断改进。

北宋中期开始以简单的机械冲击钻井（即顿钻）代替手工掘井。宋末元初，开始了以畜力绞车的钻井工艺。13世纪，陕北的延长开凿出世界第一口石油井，那是在打井取盐时的意外收获。美国人于1859年在宾夕法尼亚州打出了西方第一口石油井。后者被作为现代石油业的起点载入了史册。随后，俄国也开始开采石油，并在1897年～1906年铺设了第一条输油管道。

世界石油的开采量在1860年只有6.7万吨，到1918年猛增到5000万吨。石油的大规模开发利用的重大意义，首先在于它为内燃机的发展提供了条件。1886年德国的戴姆勒（Gottlieb Wilhelm Daimler，1834～1900）制成了第一台使用液体石油的内燃机，从此石油开采和内燃机互为需求，形成了世界能源革命的第二个高潮。内燃机为整个工业社会提供了前所未有的动力，使一切机器得以运转起来，这就为汽车、轮船、飞机、坦克等等发明提供了基础条件。在整个20世纪，石油以它不可思议的力量彻底地改变了人类的生活，世界变得越来越小，交通的便利，让经济贸易不断扩展，人类生活的每一个角落都已经离不开这种神奇的能源。

20世纪，石油在天然气的协助下，把煤炭从工业世界动力之王的宝位上拉了下来。发达的资本主义国家纷纷削减煤炭的用量，而大量地使用石油。在第一次世界大战的前夕，时任英国海军部长的丘吉尔（Winston Leonard Spencer Churchill，1874～1965）就做出了用油来代替用煤的战略决定。60年代中期，英国政府已肯定地认为英国的国际贸易地位要求迅速增加使用石油。法国政府公开调整和收缩国内煤炭工业，转而大规模地使用石油。建立在煤铁基础上的日耳曼帝国也转向了石油。70年代初，整个欧洲全部耗能中煤的比例减少到22%，石油上升到60%。同时期的日本能源消费中石油占70%，尽管日本从用煤到用油的起步比较晚，但石油已经成为经济的支柱。显然，美国是石油时代的先驱，国内拥有丰富的资源，不仅较早地认识到石油的战略价值，而且致力于控制全世界的大部分石油资源。

石油已经成为所有工业化国家的经济生命线，操纵着经济的每个方面。尽管石油是一种商品，但它已屹立在其他所有商品之上。它的影响直到今天依然不曾褪色，反而成为人们互相争夺和追逐的对象，人类对这种资源的渴望是无止境的。回顾20世纪近百年的历史，第一次世界大战中，内燃机取代了战马和烧煤的蒸汽机车，从而确立了石油作为国力因素之一的重要地位。在远东和欧洲，石油对第二次世界大战的进程和结局都至关重要。日本人在攫取东南亚石油资源的同时，攻击珍珠港以保护侧翼。希特勒（Adolf Hitler，1889～1945）入侵前苏联最重要的战略目标之一是夺取高加索油田。然而，美国在石油业中的支配地位具有决定意义。到战争结束时，德国和日本的燃料罐都已经枯竭，欧洲其他国家也面临着能源危机。欧洲复兴计划（马歇尔计划）正是依靠石油才产生作用的。在冷战期间，跨国公司和发展中国家之间争取石油控制权的斗争曾是非殖民化和民族主业崛起的宏大剧目的重要部分。20 世纪 70 年代，“石油力量”如庞然大物多次隐隐浮现，将迄今在国际政治中心处于边缘的国家一下子抬高到具有巨大财富和影响的地位上，并使那些以石油为经济增长基础的工业国忧心忡忡，坐卧不安。石油输出国组织（OPEC）的作用与日俱增。20 世纪 90 年代以后，在伊拉克和科威特的战争中，石油又处于核心地位。2003 年，美国发动的伊拉克战争，也源起石油。

在今天的社会里，石油似乎意味着一切。石油彻底地改变了人类的生活生产方式。石油、天然气是重要的燃料和化工原料。大部分国家的工厂、电站、家庭和交通都是使用石油和天然气。石油已成为人类进步的标志，而整个现代社会的运转也越来越多地依赖着石油的消费。据国际能源署统计，2009 年世界一次能源供应总量构成中，石油占 32.8%，煤炭 27.2%，天然气 20.9%，可再生能源 13.3%，核能 5.8%。

虽然现代的人们已经开始看到过度燃烧石油、天然气和煤炭这些化石燃料带来的后果，可是短时期内，人们还是无法找到可以替代它们的能源。在很长的时期内，石油依然是能源危机的核心问题。

1.3.4 能源的未来

随着新技术的发展和后工业社会的到来，人类对自然资源需求结构正在发生着新的变化。为解决日益恶化的环境问题和资源枯竭问题，大力研制、发展各种新型矿物原料、新型材料和新型能源已成为当今世界发展的必然趋势。决定社会发展的资料基础结构正面临着新的变革，新能源的利用正在转移人们的目光。科学家们、未来学家们纷纷地做出预测。未来的能源将是怎样的呢？

化石燃料的未来不容乐观。化石燃料——煤炭、石油与天然气，合计占全球现在使用能源总量的 80%以上。19 世纪 70 年代的产业革命以来，化石燃料的消费急剧增大。初期主要以煤炭为主，进入 20 世纪以后，特别是第二次世界大战以来，石油以及天然气的开采与消费开始大幅度的增加，并以每年 2 亿吨的速度持续增长。虽然经历了 20 世纪 70 年代的两次石油危机，石油价格高涨，但石油的消费量却不见有丝毫减少的趋势。对此，世界能源结构不得不进行相应变化，核能、水力、地热等其他形式的能源逐渐被开发和利用。特别是在第二次世界大战中开始被军事所利用的原子核武器副产品的核能发电得到了和平利用之后，其规模不断得到发展。很多国家现已进入了原子能时代。法国电源结构就以核为主，2007 年装机占比为 54%，发电量占比为 76%。那么，当今世界的能源消费状况又是怎样的呢？以 2011 年为例，根据 BP 统计，世界能源的总消费量以石油换算为 122.75 万亿吨，其中石油占 33.1%、煤炭占 30.3%、天然气占 23.7%，这样化石燃料的消费量占了总量的 87.1%，此外，核能占 4.9%，水力、地热等其他形式能源占 8.0%。据估算与推测，21 世纪化石燃料中有的将被开采殆尽，有的因开采成本高以及开发使用导致的一系列环境问题而失去开采价值。地质学家早已明确指出：石油耗竭之日已为期不远了。现在，尽管地质学家和经济学家们在激烈地争论石油开始匮乏的时间，但无论如何，化石燃料终将耗尽却是无可争辩的事实（参见表 1.1）。

表 1.1　非可再生能源占全球能耗比例及可用年限

能源种类		占全球能耗的比例/%		可使用的时间/年
化石能源	煤	30.0	87.1	112
	石油	33.1		54.2
	天然气	23.7		63.6
核能(裂变)		4.9		260
总和		92.0		—

面对能源的严重挑战，经过各国代表的反复讨论，1978 年 12 月 20 日联合国第 33 届大会通过了第 148 号决议。为了迎接能源过渡，决定 1981 年 8 月 10～21 日在肯尼亚的首都内罗毕召开“联合国新能源和可再生能源会议”。要求各国政府和联合国有关组织进行充分准备，研究技术对策，加强各方面的合作。这次重要的国际会议得到如期召开，许多政府首脑亲自参加，规模空前，并通过了《促进新能源和可再生能源发展与利用的内罗毕行动纲领》。接着 1982 年联合国成立了执行此项行动纲领的政府间委员会，规定每两年在纽约开会一次，由各国政府派代表出席。

通过联合国的积极活动，加强了各国对新能源工作的重视，推动了能源过渡的进程。特别是在技术上明确了新能源和可再生能源的含义，即以新技术和新材料为基础，使传统的可再生能源得到现代化的开发与利用，用取之不尽、周而复始的可再生能源来不断取代资源有限、对环境有污染的化石能源，重点在于开发太阳能、风能、生物质能、海洋能、地热能和氢能等。所以它是能源领域的高新技术，新的和可再生的是一个完整的含义，在英文中缩写为 NRSE（即 Newand Renewable Sources of Energy）。

人们还是以乐观的态度面对着未来。希望以太阳能为主体的可再生能源和新能源逐步代替以石油为主的矿物能源。可再生能源供应总量在过去的 40 年中，年增长率的经验值为 2%，基本上和一次能源供应总量的年增长率同步。新可再生能源（包括地热能、太阳能、风能等）的年增长率高达 9%。风能的发展在1971年的起点很低，而最近发展非常迅速，是发展最快的新能源，年增长率超过50%，其次就是太阳能，年增长率超过30%。

1996年在南非举行的世界太阳能首脑会议提出了大约300个太阳能和其他新能源项目计划，大大地推动了太阳能的开发利用。美国建设的太阳能发电厂已投入运行。该发电厂装有1926面均为80m^{2}的反射镜，排列在一座高90m的塔周围，据称这座现阶段发电能力为10MW的电厂是世界上技术最先进的太阳能发电厂，其最大的特点是能储存太阳能。太阳能电池的研究也有了很大的进步。

能源的未来是充满变化的，人类在探索的过程中不断地发现新的能源和新的能源利用方式，我们最大的希望是人类尽快地解决资源枯竭和环境污染带来的不安定。不论是可再生能源还是非可再生能源的发展都必须联系到人类的可持续发展，就像很久以前科学家们呼吁的那样，我们只有一个地球。

1.4 能源利用的现状及面临的问题

1.4.1 能源结构

世界的资源分布是分布不均匀，每个国家的能源结果差异也是非常大的。在发达国家的人们充分享受着汽车飞机、暖气热水这些便利的时候，贫困国家的人们甚至还靠着原始的打猎、伐木来做饭生活。

国际能源署的能源统计资料清楚地告诉我们非经济合作发展组织的地区，如亚洲、拉丁美洲和非洲，是可燃性可再生能源的主要使用地区。这三个地区的使用的总和达到了总数的62.4%，其中很大一块用于居民区的炊事和供暖。

目前世界各国能源结构的特点，一般取决于该国资源、经济和科技发展等因素。

首先，煤炭资源丰富的发展中国家，在能源消费中往往以煤为主，煤炭消费比重较大，其中2011年，中国70.3%，印度52.9%，美国22.1%。

其次，发达国家石油在消费结构中所占比重均在35%以上，其中2011年美国36.7%，日本42.2%，德国36.2%，法国37.9%，英国36.1%，韩国40.3%。

第三，天然气资源丰富的国家，天然气在消费结构中所占比例均在35%以上，其中，2011年俄罗斯55.7%，英国36.4%。

第四，化石能源缺乏的国家根据自身特点发展核电及水电，其中2010年日本核能在能源消费结构中所占比例为13.1%，2011年法国核能占41.3%，韩国核能占12.9%，加拿大水力占25.8%。

总之，当前就全世界而言，石油在能源消费结构中占第一位，所占比例正在缓慢下降；煤炭占第二位，其所占比例并未下降；目前天然气占第三位，所占比例持续上升，前景良好。

我国是世界上以煤炭为主的少数国家之一，远远偏离当前世界能源消费以油气燃料为主的基本趋势和特征。根据中国能源统计年鉴数据 2010 年我国一次能源的消费总量为 3249.39Mtce，构成为：煤炭占 68.0%，石油占 19.0%，天然气占 4.4%，水电、核电、风电及其他能源占 8.6%。煤炭高效、洁净利用的难度远比油、气燃料大得多。而且我国大量的煤炭是直接燃烧使用，用于发电或热电联产的煤炭只有 50%左右，而美国为 90%左右。

我国终端能源消费结构不合理的同时，电力占终端能源的比重明显偏低，国家电气化程度仍然不高：2007 年中国一次能源转换成电能的比重只有 39.0%，世界发达国家平均皆超过 40%，有的达到 50%；同年中国电能占终端能源消费的比例不到 20%，低于日本（25%）和法国（22%）的水平。

1.4.2　能源效率

矿物燃料是工业、运输和民用系统的主要能源。发电主要是靠矿物燃料燃烧后所放出的化学热来实现的。世界上公认的燃料供应上的有限性以及人类社会对能源的高度依赖性，促使人们以极大的努力来研究各种代用能源。核动力已经在电力生产中起着重要作用，太阳能已用于家庭供暖，一个以太阳能、地热、风能和潮汐能的利用为目标的大规模研究开发计划正在付诸实施。与此同时，矿物燃料则开始变得越来越宝贵，而且按长远观点看，工业界将不得不以节能作为一种自我保护措施。在这种情况下，浪费燃料必须受到制止，能源利用的综合效率应当成为工程设计中的一个重要评价标准。

对很多人来说，特别是发达国家，“能源效率”意味着受苦和牺牲。很多人对 20 世纪 70 年代“石油危机”还记忆犹新。当时要求人们关闭家中的取暖器（穿毛衣），将灯调暗，尽量不开车等等。这种节能的现象是不正确的。“能源效率”和“节能”虽然相关，但不一样。能源效率是指终端用户使用能源得到的有效能源量与消耗的能源量之比。节能是指节省不必要的能耗，例如当你在客厅看电视时还把厨房里的灯开着。没目的耗能就是浪费。避免这种浪费不代表牺牲，而恰恰是省钱。必须认识到生产能源是需要成本的——无论是电、汽油、民用燃料油还是天然气等。这不是指经济成本，而是能源成本。

比如石油精炼厂需要能量才能运转。假设一家精炼厂需要相当 1 升的汽油才能生产出 5 升供汽车使用的汽油。再设想现在有了新科技，只需要 1 升当量的汽油就可以生产出 10L 供汽车使用的汽油，显而易见，能源效率高。

汽车呢？汽车和卡车的汽油和柴油发动机能源效率并不高。虽然在过去的几十年里有了很大的改观，但一般来说，每输入到机动车 10L 油中，只有 4L 有效地用于车辆驱动。其他 6L 都浪费了，主要转换成热量，随尾气排出或者进入散热器。

假设有了新技术，将汽车燃料有效使用率从每 10L 有效使用 4L 提高到 6L，能源效率就会上升 50%，诸如此类。还可以设想有一种新科技，用全新能源替代汽油和柴油，其内在能源效率要比燃料发动机高得多。

提高能源效率是缓解能源危机的一条途径。由于欠发达国家在技术和资金方面的关系，能源效率十分低下，与发达国家的差距非常巨大。当然就算发达国家自己也同样需要继续开发新的技术来实现更高的能源效率。因此，许多发达国家开始帮助一些不发达的国家和地区来改善能源使用情况，实现一种互利的合作关系。

我国能源从开采、加工与转换、贮运以及终端利用的能源系统总效率很低，不到 10%，只有欧洲地区的一半。通常能源效率是指后三个环节的效率，约为 35%，比世界先进水平低约 10 个百分点。我国能源强度远高于国际先进水平 2009 年，我国火电供电煤耗［gec/(kW·h)］平均为 340，日本为 307；钢可比能耗（kgce/t）中国平均为 679，日本为 612，2008 年水泥综合能耗（kgce/t）中国平均为 181，日本为 123。

我国能源利用率低的主要原因除了产业结构方面的问题以外，是由于能源科技和管理水平落后，还因终端能源以煤为主，油、气与电的比重较小的不合理消费结构所致。节能旨在减少能源的损失和浪费，以使能源资源得到更有效的利用，与能源效率问题紧密相关。我国能源效率很低，故能源系统的各个环节都有很大的节约能源的潜力。

1.4.3 能源环境

不知道你是否了解世界著名的八大公害，它们是：比利时马斯河谷烟雾事件、美国多诺拉烟雾事件、伦敦烟雾事件、美国洛杉矶光化学烟雾事件、日本水俣病事件、日本富山骨痛病事件、日本四日市哮喘病事件、日本米糠油事件。其中前 4 位都是由于人类在工业发展和生活中能源利用管理不当而造成的环境污染。其中最典型的是伦敦烟雾事件和美国洛杉矶光化学烟雾事件。下面简单地了解一下这两次事件当时造成的危害，以此可以理解能源利用和环境保护的重要关系。

伦敦烟雾事件：1952 年 12 月 5～8 日，伦敦城市上空高压，大雾笼罩，连日无风。而当时正值冬季大量燃煤取暖期，煤烟粉尘和湿气积聚在大气中，使许多城市居民都感到呼吸困难、眼睛刺痛，仅四天时间内死亡了 4000 多人，在之后的两个月时间内，又有 8000 人陆续死亡。这是 20 世纪世界上最大的由燃煤引发的城市烟雾事件。

洛杉矶光化学烟雾事件：从20世纪40年代起，已拥有大量汽车的美国洛杉矶城上空开始出现由光化学烟雾造成的黄色烟幕。它刺激人的眼睛、灼伤喉咙和肺部、引起胸闷等，还使植物大面积受害，松林枯死，柑橘减产。1955年，洛杉矶因光化学烟雾引起的呼吸系统衰竭死亡的人数达到400多人，这是最早出现的由汽车尾气造成的大气污染事件。

酸雨、臭氧层的空洞，这一切的变化导致了生态的严重的破坏。在人类不断扩大自己的生存空间的时候，也慢慢地把自己围困在更小的范围里面挣扎。如果再继续这样下去，人类会发现自己再也没有适合居住的土地。

我国能源环境问题的核心是大量直接燃煤造成的城市大气污染和农村过度消耗生物质能引起的生态破坏，还有日益严重的车辆尾气的污染（大城市大气污染类型已向汽车尾气型转变）。

我国是世界上最大的煤炭生产国和消费国。燃煤释放的SO_2，占全国排放总量的85%，CO_2占80%，NO_x占67%，烟尘占70%。我国酸雨区由南向北迅速扩大，已超过国土面积的40%。

我国农村人口多、能源短缺，且沿用传统落后的用能方式，带来了一系列生态环境问题：生物质能过度消耗，森林植被不断减少，水土流失和沙漠化严重，耕地有机质含量下降等。

我们的政府也已经开始重视能源环境问题，正在努力的改善和挽救日益恶化的生态环境。1989年12月26日第七届全国人民代表大会常务委员会第十一次会议通过《中华人民共和国环境保护法》。之后又陆续颁布了《中华人民共和国大气污染防治法》《水污染防治法》《环境噪声防治法》等等相关的环境保护法律法规。中国还努力参加国际合作，引进先进技术来改变以前落后的能源利用形势。

1.4.4　气候变化

人类活动会影响环境，有时人类活动对气候有着直接和不容置疑的影响。现代科学研究倾向于认为在最近几十年内，人类的活动致使全球气温迅速上升。政府间气候变化专门委员会（IPCC）评估结果表明：全球气候正在变暖，而导致变暖的原因主要是人类燃烧化石能源和毁林开荒等行为向大气排放大量温室气体，导致大气温室气体浓度升高，加剧温室效应的结果。

要避免人为活动导致的气候变化带来最严重影响，有两种切实可行的解决方案：利用可再生能源和提高能源使用效率。

气候变化是人类面临的严峻挑战，必须各国共同应对。为了阻止气候的进一步恶化，很多国家已经联合起来，互相合作制约。自**1992 年《联合国气候变化框架公约》(以下简称《公约》) 诞生以来，各国围绕应对气候变化进行了一系列谈判，这些谈判表面上是为了应对气候变暖，本质上还是各国经济利益和发展空间的角逐**。1997 年 12 月，160 个国家在日本京都召开了《联合国气候变化框架公约》(UNFCCC) 第 3 次缔约方大会，会议通过了《京都议定书》。该议定书规定，在 2008 年至 2012 年期间，发达国家的温室气体排放量要在 1990 年的基础上平均削减 5.2%，其中美国削减 7%，欧盟 8%，日本 6%。

2005 年 2 月 16 日《京都议定书》正式生效。但美国等极少数发达国家以种种理由拒签议定书。2005 年启动了议定书二期谈判，主要是确定 2012 年后发达国家减排指标和时间表，并建立了议定书二期谈判工作组。但欧洲发达国家以美国、中国等主要排放大国未加入议定书减排为由，对议定书二期减排谈判态度消极，此后的议定书二期减排谈判一直进展缓慢。2007 年确立了“巴厘路线图”谈判，在发展中国家与发达国家就议定书二期减排谈判积极展开的同时，发达国家则积极推动发展中国家参与 2012 年后的减排。经过艰难谈判，2007 年底在印尼巴厘岛召开的《公约》第 13 次缔约方大会上通过了“巴厘路线图”，各方同意所有发达国家（包括美国）和所有发展中国家应当根据《公约》的规定，共同开展长期合作，应对气候变化，重点就减缓、适应、资金、技术转让等主要方面进行谈判，在 2009 年底达成一揽子协议，并就此建立了公约长期合作行动谈判工作组。自此，气候谈判进入了议定书二期减排谈判和公约长期合作行动谈判并行的“双轨制”阶段。2009 年底产生了《哥本哈根协议》，2008～2009 年间，各方在议定书二期减排谈判工作组和公约长期合作行动谈判工作组下，按照“双轨制”的谈判方式进行了多次艰难谈判，但进展缓慢。到 2009 年底，当 100 多个国家首脑史无前例地聚集到丹麦哥本哈根参加《公约》第 15 次缔约方大会，期待着签署一揽子协议时，终因各方在谁先减排、怎么减、减多少，如何提供资金、转让技术等问题上分歧太大，各方没能就议定书二期减排和“巴厘路线图”中的主要方面达成一揽子协议，只产生了一个没有被缔约方大会通过的《哥本哈根协议》。该协议虽然没有被缔约方大会通过、也不具有法律效力，但却对 2010 年后的气候谈判进程产生了重要影响，主要体现在发达国家借此加快了此前由议定书二期减排谈判和公约长期合作行动谈判并行的“双轨制”模式合并为一，即“并轨”的步伐。哥本哈根气候大会虽以失败告终，但各方仍同意 2010 年继续就议定书二期和巴厘路线图涉及的要素进行谈判。2010 年底通过了《坎昆协议》，《哥本哈根协议》虽然没有被缔约方大会通过，但欧美等发达国家在 2010 年谈判中，则借此公开提出对发展中国家重新分类，重新解释“共同但有区别责任”原则，目的是加快推进议定书二期减排谈判和公约长期合作行动谈判的“并轨”，但遭到发展中国家强烈反对。经过多次谈判，在 2010 年底墨西哥坎昆召开的气候《公约》第 16 次缔约方大会上，在玻利维亚强烈反对下，缔约方大会最终强行通过了《坎昆协议》。《坎昆协议》汇集了进入“双轨制”谈判以来的主要共识，总体上还是维护了议定书二期减排谈判和《公约》长期合作行动谈判并行的“双轨制”谈判方式，增强国际社会对联合国多边谈判机制的信心，同意 2011 年就议定书二期和“巴厘路线图”所涉要素中未达成共识的部分继续谈判，但《坎昆协议》针对议定书二期减排谈判和《公约》长期合作行动谈判所做决定的内容明显不平衡。发展中国家推进议定书二期减排谈判的难度明显加大，发达国家推进“并轨”的步伐明显加快。

1.4.5　能源安全

能源是国民经济的基本支撑，是人类赖以生存的基础。能源安全是国家经济安全的重要方面，它直接影响到国家安全、可持续发展及社会稳定。能源安全不仅包括能源供应的安全（如石油、天然气和电力），也包括对由于能源生产与使用所造成的环境污染的治理。

能源安全的概念直到 20 世纪 50 年代后才提出，因为当时的世界能源的消费与生产供应发生了巨大的变化。在 50 年代之前，工业化进程中的主要的一次能源供应是煤炭，作为传统的能源矿种，煤炭的数量巨大，而且资源分布广泛，基本各个主要的工业国家，都可以自己满足自己的生产需要，所以人们并没有感受到能源短缺给生产带来的影响。进入 50 年代之后，工业化和城市化的发展越来越快，能源消费的总体水平有了迅速的增长，煤炭在一次能源消费中所占的比例明显的下降，取而代之的是石油和天然气这些优质高效的清洁能源。同时，石油又可以提供各种工业生产的基本原材料，因此引发了能源安全概念的产生和发展。加之石油这种资源在全球范围的分布严重不均匀，导致了世界各个国家对石油资源的争夺。为了保证既得利益，世界主要发达国家于 1974 年成立了国际能源组织（IEA），从此以稳定原油供应价格为中心的国家能源安全概念被正式提出。

能源安全是指能源可靠供应的保障。首先是石油天然气供应问题，油、气是当今世界主要的一次能源，也是涉及国家安全的重要战略物资。1973 年石油危机的冲击，造成那些主要靠中东进口石油的国家经济混乱和社会动荡的局面，给人们留下深刻的印象。现在许多国家都十分重视建立能源（石油）保障体系，重点是战略石油储备。预计世界石油产量将逐步下降，而消费仍将不断增加，可能开始出现供不应求的局面，世界油气资源的争夺将加剧。我国石油、天然气资源相对少，人均石油探明剩余可采储量仅为世界平均值的 1/10。从 1993 年起，我国成为石油净进口国，2011 年石油进口依存度达到 58%，并且随着石油供需缺口逐年加大，不断增加石油进口将是大势所趋。但大量从国外进口石油，有可能引起国际石油市场振荡和油价攀升，油源和运输通道也易受到别国控制。

第 2 章

可持续发展

2.1 可持续发展观点的提出

在 20 世纪，“可持续发展”思想的形成可以说是人类最深刻的警醒。而 21 世纪里，保护人类的生存环境，实施可持续发展战略已经成为国际社会“和平与发展”永恒主题的主要内容之一。

2.1.1 背景

1962 年，美国海洋生物学家卡森推出了一本论述杀虫剂特别是滴滴涕对鸟类和生态环境毁灭性的危害的著作——《寂静的春天》。尽管这本书的问世使卡森一度备受攻击、诋毁，但书中提出的有关生态的观点最终还是被人们所接受。环境问题从此由一个边缘问题逐渐走向全球政治、经济议程的中心。

20 世纪初，以工业电气化、交通运输摩托化两大潮流为代表的“第二次工业革命”以及以机械化耕作、大量应用化肥、杀虫剂农药为代表的“农业革命”相继来临。烟囱林立的工厂、汽车川流不息的公路、拖拉机耕作的农田成为当今世界的现代化标志，也成为后起国家在发展过程中孜孜追求的理想。

但是，大规模工业化带来了一系列的恶果。人类本身深受其害，成为直接的受害者。在率先工业化的国家中，由污染造成的公害病导致成千上万人死亡，成为直接威胁人类健康的一大杀手。整个地球的生态环境也由于开发手段的不当而日益恶化：

首先是大气层受到破坏。从 20 世纪初开始，高速发展的化学工业将氯氟烃等无节制地排放入大气，导致臭氧层空洞从 70 年代开始在地球南北极相继出现并不断扩大；二氧化碳等温室气体大量排放，成为地球温室效应的一个主要原因。

其次从 20 世纪中叶开始，由于无节制砍伐和刀耕火种式的开发，被喻为

“地球之肺”的森林的面积开始以惊人的速度减少。过度机械化耕作和过量使用化肥、农药造成了土壤质量降低。

再者是水环境遭受污染。人口增长和人们对更高生活水平的追求给水资源带来沉重压力，由于流域破坏、水土流失和污染废水的排放，地表水资源在质和量上都急剧下降。由于人类对生物资源的过度开发和对物种生存环境的破坏，每年都有0.2%的生物物种走向灭绝。

所有这一切都促使人们思考：地球环境的“承载能力”是否有界限？发展的道路与地球环境的“负荷极限”如何相适应？人类社会的发展应如何规划才能实现人类与自然的和谐，既保护人类，也维护地球的健康？

1972年，一个名为“罗马俱乐部”的知识分子组织发表了题为《增长的极限》的报告。报告根据数学模型预言：在未来一个世纪中，人口和经济需求的增长将导致地球资源耗竭、生态破坏和环境污染。除非人类自觉限制人口增长和工业发展，这一悲剧将无法避免。这项报告发出的警告启发了后来者。从80年代开始，最早出现在卡森《寂静的春天》中的“可持续发展”一词，逐渐成为流行的概念。

1987年，世界环境与发展委员会在题为《我们共同的未来》的报告中，第一次阐述了“可持续发展”的概念。报告指出，所谓可持续发展，就是要在“不损害未来一代需求的前提下，满足当前一代人的需求”。1992年6月，在巴西里约热内卢举行的联合国环境与发展大会上，来自世界178个国家和地区的领导人通过了《21世纪议程》、《气候变化框架公约》等一系列文件，明确把发展与环境密切联系在一起，响亮地提出可持续发展的战略，并将之付诸全球的行动。

可持续发展的思想是人类社会近一个世纪高速发展的产物。它体现着对人类社会进步与自然环境关系的反思，也代表了人类与环境达到“和谐”的古老向往和辩证思考。这一思想从西方传统的自然和环境保护观念出发，兼顾发展中国家发展和进步的要求，在20世纪的最后10年中又引发了世界各国对发展与环境的深度思考。美国、德国、英国等发达国家和中国、巴西这样的发展中国家都先后提出了自己的21世纪议程或行动纲领。尽管各国侧重点有所不同，但都不约而同地强调要在经济和社会发展的同时注重保护自然环境。

人类终于从警醒开始付诸行动。环境保护成了当代企业发展的口号。在能源领域，发达国家不约而同地将技术重点转向水能、风能、太阳能和生物能等可再生能源上；在交通运输领域，研制电动汽车、燃料电池车或其他清洁能源车辆已成为各大汽车商技术开发能力的标志；在农业领域，无化肥、无农药和无毒害的生态农产品已成为消费者的首选；在城市规划和建筑业中，尽量减少能源和水的消耗，同时也减少废水、废弃物排放的“生态设计”和“生态房屋”已成为近年来发达国家建筑业的招牌。

2.1.2 古代朴素的可持续思想

可持续的概念源远流长。在中国春秋战国时期（公元前6世纪至公元前3世纪）就有保护正在怀孕和产卵的鸟兽鱼鳖以利“永续利用”的思想和封山育林定期开禁的法令。著名思想家孔子主张“钓而不纲，弋不射宿”（《论语·述而》）。“山林非时不升斤斧，以成草木之长；川泽非时不入网罟，以成鱼鳖之长。”（《逸周书·文传解》）。春秋时在齐国为相的管仲，从发展经济、富国强兵的目标出发，十分注意保护山林川泽及其生物资源，反对过度采伐。他说：“为人君而不能谨守其山林菹泽草莱，不可以为天下王”（《管子·地数》）。战国时期的荀子也把自然资源的保护视作治国安邦之策，特别注重遵从生态学的季节规律（时令），重视自然资源的持续保存和永续利用。1975年在湖北省云梦县睡虎地11号秦墓中发掘出1100多枚竹简，其中的《田律》清晰地体现了可持续发展的理念（“春二月，毋敢伐树木山林及雍堤水。不夏月，毋敢夜草为灰，取生荔，毋……毒鱼鳖，置阱罔，到七月而纵之”）。这是中国和世界最早的环境法律之一。“与天地相参”可以说是中国古代生态意识的目标和理想。

西方的一些经济学家如马尔萨斯（Malthus，1820年）、李嘉图（Richardo，1017年）和穆勒（Mill，1900年）等的著作中也较早认识到人类消费的物质限制，即人类的经济活动范围存在着生态边界。

2.1.3 现代可持续发展理论的产生

现代可持续发展的思想的提出源于人们对环境问题的逐步认识和热切关注。其产生背景是人类赖以生存和发展的环境和资源遭到越来越严重的破坏，人类已不同程度地尝到了环境破坏的苦果。以往人们对经济增长津津乐道，20世纪六七十年代以后，随着“公害”的显现和加剧以及能源危机的冲击，几乎在全球范围内开始了关于“增长的极限”的讨论。

把经济、社会和环境割裂开来，只顾谋求自身的、局部的、暂时的经济性，带来的只能是他人的、全局的、后代的不经济性甚至灾难。伴随着人们对公平（代际公平及代内公平）作为社会发展目标的认识的加深以及范围更广的、影响更深的、解决更难的一些全球性环境问题（臭氧层破坏、全球变暖和生物多样性消失等）开始被认识，可持续发展的思想在20世纪80年代逐步形成。

（1）增长的极限和没有极限的增长　关于“增长的极限”的分析，穆勒早在19世纪就进行过了。1960年，Forester等在《科学》杂志上发表了《世界末日：公元2026年11月23日，星期五》的论文，可惜的是，这篇论文发出的警告当时被认为是危言耸听的奇谈而打入冷宫。

1972年，以D. L. 米都斯为首的美国、德国、挪威等一批西方科学家组成的罗马俱乐部提出了关于世界趋势的研究报告《增长的极限》，认为：如果目前的人口和资本的快速增长模式继续下去，世界就会面临一场“灾难性的崩溃”。而避免这种前景的最好方法是限制增长，即“零增长”。该报告在全世界引起极大的反响，人们就此进行了广泛的争论。此外，1980年美国发表的《公元2000年的地球》等报告也支持《增长的极限》的观点。《增长的极限》曾一度成为当时环境保护运动的理论基础。

另有一些乐观主义者，或称为“技术至上者”则认为科学的进步和对资源利用效率的提高，将有助于克服这些困难。典型的乐观派著作有朱利安L. 西蒙（Julian L Simon）的《没有极限的增长》（即《最后的资源》，1981年出版）、《资源丰富的地球》（1984年出版）等。他们认为生产的不断增长能为更多的生产进一步提供潜力。虽然目前人口、资源和环境的发展趋势给技术、工业化和经济增长带来了一些问题，但是人类能力的发展是无限的，因而这些问题不是不能解决的。世界的发展趋势是在不断改善而不是在逐渐变坏。

由于《增长的极限》一书用词激烈，过分夸大了人口爆炸、粮食和能源短缺、环境污染等问题的严重性，它提出的解决问题的“零增长”方案在现实世界中也难以推行，所以反对和批评的意见很多。从急需摆脱贫困的发展中国家到仍想增加财富的发达国家都有许多人不同意它的方案。但是该报告指出的地球潜伏着危机和发展面临着困境的警告，无疑给人类开出了一副清醒剂。即使到今天，人们仍不能盲目乐观。据红十字会与红新月会国际联合会发表的《1996年世界灾情报告》说，世界将面临一场严重的粮食危机，到2005年粮食供应量将比粮食需求量短少约4000万吨。但乐观派强调科技进步将使人类获得更多资源的观点似乎充满着辩证法的智慧。

世界未来学会主席Edward Collins则认为：“乐观主义者和悲观主义者都以不同形式暗示我们放弃努力，我们不能上当。世界的好坏要靠我们自己的努力。”

(2) 可持续发展理论的提出及被认同　人们为寻求一种建立在环境和自然资源可承受基础上的长期发展的模式，进行了不懈的探索，先后提出过“有机增长”、“全面发展”、“同步发展”和“协调发展”等各种构想。

1980年3月5日，联合国向全世界发出呼吁：“必须研究自然的、社会的、生态的、经济的以及利用自然资源过程中的基本关系，确保全球持续发展。”1983年11月，联合国成立了世界环境与发展委员会（WECD），挪威前首相布伦特兰夫人（G. H. Brundland）任主席。成员有在科学、教育、经济、社会及政治方面的22位代表，其中14人来自发展中国家，包括中国的马世骏教授。联合国要求该组织以“持续发展”为基本纲领，制订“全球的变革日程”。1987年，该委员会把长达4年研究、经过充分论证的报告《我们共同的未来》（Our Common Future）提交给联合国大会，正式提出了可持续发展的模式。该报告对当前人类在经济发展和保护环境方面存在的问题进行了全面和系统的评价，一针见血地指出，过去我们关心的是发展对环境带来的影响，而现在我们则迫切地感到生态的压力，如土壤、水、大气、森林的退化对发展所带来的影响。在不久以前我们感到国家之间在经济方面相互联系的重要性，而现在我们则感到在国家之间的生态学方面的相互依赖的情景，生态与经济从来没有像现在这样互相紧密地联系在一个互为因果的网络之中。

“可持续发展”（Sustainable Development）同上述其他几项构想相比，具有更确切的内涵和更完善的结构。这一思想包含了当代和后代的需求、国家主权、国际公平、自然资源、生态承载力、环境与发展相结合等重要内容。可持续发展首先是从环境保护的角度来倡导保持人类社会的进步与发展的，它号召人们在增加生产的同时，必须注意生态环境的保护与改善。它明确提出要变革人类沿袭已久的生产方式和生活方式，并调整现行的国际经济关系。这种调整与变革要按照可持续性的要求进行设计和运行，这几乎涉及经济发展和社会生活的所有方面。总的来说，可持续发展包含两大方面的内容：一是对传统发展方式的反思和否定，二是对规范的可持续发展模式的理性设计。就理性设计而言，可持续发展具体表现在：工业应当是高产低耗，能源应当被清洁利用，粮食需要保障长期供给，人口与资源应当保持相对平衡等许多方面。

从1981年美国世界观察研究所所长布朗的《建设一个可持续发展的社会》（Building a Sustainable Society）一书问世，到1987年《我们共同的未来》的发表，表明了世界各国对可持续理论研究的不断深入，而1992年联合国环境与发展大会（UNCED）通过的《21世纪议程》，更是高度凝聚了当代人对可持续发展理论认识深化的结晶。

“可持续发展”这一词语一经提出即在世界范围内逐步得到认同并成为大众媒介使用频率最高的词汇之一，这反映了人类对自身以前走过的发展道路的怀疑和抛弃，也反映了人类对今后选择的发展道路和发展目标的憧憬和向往。人们逐步认识到过去的发展道路是不可持续的，或至少是持续不够的，因而是不可取的。唯一可供选择的道路是走可持续发展之路。人类的这一次反思是深刻的，反思所得的结论具有划时代的意义。这正是可持续发展的思想在全世界不同经济水平和不同文化背景的国家能够得到共识和普遍认同的根本原因。可持续发展是发展中国家和发达国家都可以争取实现的目标，广大发展中国家积极投身到可持续发展的实践中也正是可持续发展理论风靡全球的重要原因。

2.2 科学的发展观

2.2.1 传统意义上的发展观

传统的狭义的发展（Development），指的只是经济领域的活动，其目标是产值和利润的增长、物质财富的增加。当然，为了实现经济增长，还必须进行一定的社会经济改革，然而，这种改革也只是实现经济增长的手段。联合国“第一个发展十年（1960～1970年）”开始时，当时的联合国秘书长吴丹概括地提出了：“发展=经济增长+社会变革”这一广为流行的公式，这反映了第二次世界大战后近20年期间对于发展的理解和认识。在这种发展观的支配下，为了追求最大的经济效益，人们尚不认识因而也不承认环境本身也具有价值，却采取了以损害环境为代价来换取经济增长的发展模式，其结果是在全球范围内继续造成了严重的环境问题。

随着认识的提高，人们注意到发展并非是纯经济性的，正如Susan George所指出的，发展是超脱于经济、技术和行政管理的现象。发展应该是一个很广泛的概念，它不仅表现在经济的增长、国民生产总值的提高、人民生活水平的改善，它还表现在文学、艺术、科学的昌盛，道德水平的提高，社会秩序的和谐，国民素质的改进等。简言之，既要“经济繁荣”，也要“社会进步”。发展除了生产数量上的增加，还包括社会状况的改善和政治行政体制的进步；不仅有量的增长，还有质的提高。

“发展”这一术语，最初虽然由经济学家定义为“经济增长”，但是发展不应当狭义地被理解为经济增长。经济增长一般定义为人均国民生产总值的提高（有时也看作是人均实际消费水平的提高）。经济增长是发展的必要条件，但并不是充分条件。一种经济增长如果随时间推移不断地使人均实际收入提高却没有使得它的社会和经济结构得到进步，就不能认为它是发展。发展的目的是要改善人们的生活质量。发展指人们福利和生活质量的提高，因此不仅是经济的增长（或实际收入的增长）。经济增长只是发展的一部分。低收入国家急需经济增长来促进改善生活质量，但这不是全部目的，也不可能无限地继续下去。发展只有在使人们生活的所有方面都得到改善才能承认是真正的发展。

2.2.2 对发展的认识变化

随着人们认识的提高，发展的内涵早已超出了“经济增长”这种规定，进入到一个更加深刻也更为丰富的新层次。《大英百科全书》对于“发展”一词的解释是：“虽然该术语有时被当成经济增长的同义语，但是一般说来，发展被用来叙述一个国家的经济变化，包括数量上与质量上的改善。”可以看出，所谓发展，必然强调动态上的量与质的双重变化。

没有变化就没有发展，于是，有些学者把发展描述为人们使事物朝着有利于他们的更好方向的变化。发展即意味着那些导致改善或进步的变化。John P. Holdren、Gretchen C. Daily 和 Paul R. Ehrilich 等人认为，发展必须解决的问题应该包括：①消除贫困；②改善环境；③消除战争的可能性，限制大规模杀伤性武器，限制军备；④保障人权；⑤避免人的潜力的浪费。

“发展”一词，无论怎样理解，它首先或至少都应包含有人类社会物质财富的增长和人群生活条件的提高这些多方面的含义，由此，问题可归结为：认为社会物质财富的生产究竟应该增长到什么程度和如何去增长才能使人类社会的发展成为可持续性的?

1987 年，在布伦特兰委员会的报告《我们共同的未来》中，又把“发展”推向一个更加确切的层次。该报告认为：“满足人的需求和进一步的愿望，应当是发展的主要目标，它包含着经济和社会的有效的变革。”此时，发展已经从单一的经济领域，扩大到以人的理性需求为中心和社会领域中那些具有进步意义的变革。

1990 年，世界银行资深研究人员戴尔和库伯（Daly and Cobb，1990）在他们合著的一部书中，进一步建议：“发展应指在与环境的动态平衡中，经济体系的质的变化。”这里，经济系统与环境系统之间保持某种动态平衡，被强调是衡量国家或区域发展的最高原则。

从总目标上看，发展是使全体人民在经济、社会和公民权利的需要与欲望方面得到持续提高。经济增长所强调的主要是物质生产方面的问题，而发展则是从更大的视野角度研究人类的社会、经济、科技、环境的变迁、进化（或进步）状况。发展所要求的是“康乐，是人的潜力的充分发挥”，发展的涵义不仅在于“物质财富所带来的幸福，更在于给人提供选择的自由”，即人的个性的创造性的公平、全面发展的自由。美国一位学者把发展的涵义解释为：①是否对绝对贫困、收入分配不平等程度、就业水平、教育、健康及其他社会和文化服务的性质和质量有了改善；②是否使个人和团体在国内外受到更大的尊重；③是否扩大了人们的选择范围。如果只有第一个解释得到满足，这样的国家只能算作是“经济上发达的国家”，还不是发展意义上的发达国家。

于是在一种更为普遍的意义上，牛文元和另两位美国科学家在国际知名刊物上提出发展的定义：“发展是在人类生存条件被基本满足之后，为满足其更进一步的需求和愿望所付出的正向行为总和”，文章进一步指出：“发展是在一个自然—社会—经济复杂系统中的行为轨迹。该正向矢量将导致此复杂系统朝向日趋合理、更为和谐的方向进化。”（Niu el al，1993）。在此强调了发展的不可逆性、进步性、正向性以及关联到自然—社会—经济的复合性。

在法国著名学者弗朗索瓦·佩鲁《新发展观》所写的序言中，引入了奥古斯特·孔德在19世纪所总结的名言："就其实质而言，发展这一术语对于确定人类究竟在什么地方实现真正的完美，有着难以估量的优势……"这里，显然把发展与进化有机地联系在一起了。

许多学者有着共同的感触，他们对发展问题的关注预示着传统经济学及其所应用的分析方法，将发生某种根本的变革。其中必须强调指出，只要一谈到发展，其行为主体除了人之外似乎都不可能担当，这是一个以人的全面发展为主线的社会整体进化，它远远超过了"满足人类生存"这一简单的道德要求。由此出发，其合理的顺延就渐渐形成了"可持续发展"的源头。

然而，发展并不是没有极限的，通常认为发展受到3个方面因素的制约：一是经济因素，即要求效益超过成本，或至少与成本平衡；二是社会因素，要求不违反基于传统、伦理、宗教、习惯等所形成的一个民族和一个国家的社会准则，即必须保持在社会反对改变的忍耐力之内；三是生态因素，要求保持好各种陆地的和水体的生态系统、农业生态系统等生命保障系统以及有关过程的动态平衡。其中生态因素的限制是最基本的。发展必须以保护自然为基础，它必须保护世界自然系统的结构、功能和多样性。

地球生命保障系统的支持力量究竟有没有极限呢？这就是所谓"环境承载力"问题。环境承载力是指一定时期内，在维持相对稳定的前提，环境资源所能容纳的人口规模和经济规模的大小。显然，地球的承载力绝不是无限的，因为最基本的一点是地球的面积是有限的。人类的活动必须保持在地球的承载力的极限之内。

早期的经济增长模型是以资本为取向的。20世纪80年代的种种发展事实表明，如果不从环境的角度来发展经济，经济增长就面临着极限，反之，如果对经济的管理是适宜的，则可以在确保维持最低的生态资源水平的一系列限制下实现经济增长。

发展，这种人为改变环境的行动以使环境能够更有效地满足人类的需求既是必需的，同时又必须立足于自然界的可再生资源能够无限期满足当代人和后代人的需求以及对于不可再生资源的谨慎节约的使用上。

专栏2.1　戴利的《超越增长——可持续发展的经济学》是对传统经济发展思想的哥白尼式革命

美国著名生态经济学家赫尔曼E. 戴利于1996年在美国波士顿出版社出版了他的生态经济与可持续发展的集成之作——《超越增长——可持续发展的经济学》。戴利是把可持续发展看作是对传统经济学具有变革作用的革命性科学认识来认识和架构的。本书构建了一种与传统经济学和传统发展观俨然有别的新的理论框架，并对包括国民账户、消费、贫穷、人口、国际贸易乃至宗教、伦理等在内的发展问题进行了一系列追本溯源的再思考。

第一，戴利在书中反复论述地球资源环境的有限性，地球的承载能力存在着极限。正是在这个根本意义上，戴利给可持续发展一个简单含义："没有超越环境承载能力的发展，这里，发展意味着质量性改进，增长意味着数量增加。"所以，"可持续发展是经济规模增长没有超越生态环境承载能力的发展"。他从经济理论的高度明确指出："可持续发展的整个理念就是经济子系统的增长规模绝对不能超越生态系统可以永远持续或支撑的容纳范围。"

第二，戴利在该书的导论中，论述可持续发展思路的现状，分析环境与经济之间的关系时，首次提出了"经济是环境的子系统"，即"把经济看作生态系统的子系统"的命题，并把它作为可持续发展观的核心理念，在全书的每个篇章都以它作为前提来探讨生态（环境）经济与可持续发展的经济理论与政策建议。因而，戴利在该书中所设计的一种可持续发展的经济构想就是建立在"经济是自然生态母系统的子系统"这块基石之上的。正如戴利在书中所宣称的："可持续发展理论建立在这样的基本观点上，即经济是生态系统的一个物理子系统。一个子系统不能超越它置身于其中的母系统的规模而发展。"

第三，戴利在该书中深刻地论证了人类经济的演化已经从人造资本是经济发展限制因素的时代，进入了剩余的自然资本是限制因素的时代，揭示了可持续发展的时代特征，建立了"空的世界"到"满的世界"转变的理论模型，这就是"作为生态系统的开放子系统的经济"的模型（图 2.1）——可称之为

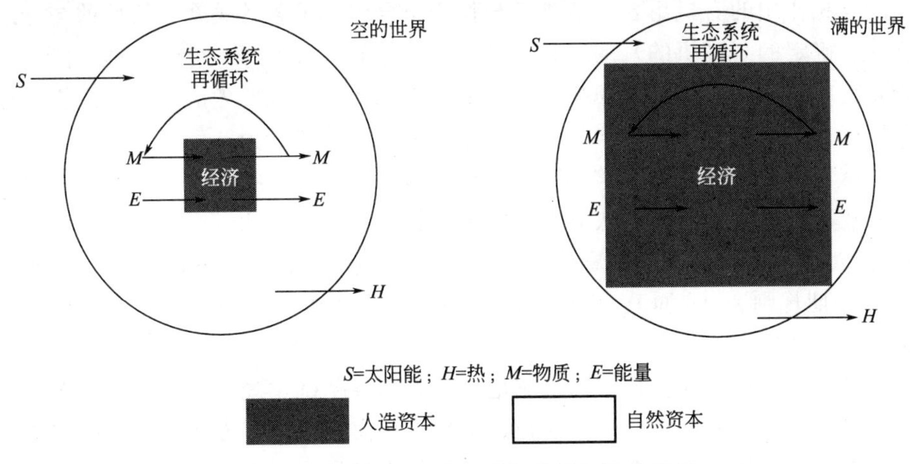

图 2.1　"空的世界"向"满的世界"转变模型

资料来源：戴利，超越增长，上海译文出版社，2001.

“戴利模型”。随着经济子系统的迅速增长，使得生态系统从一个“空的世界”转变成为一个“满的世界”。因此，戴利指出：“我们就从‘空的世界’的经济学走向了‘满的世界’的经济学——从一个经济系统的输入输出没有限制的世界走向输入输出日益受到退化和污染限制的一个有限的世界。”

2.2.3 科学发展观点的内涵

科学的发展观产生突破性认识的“发展”，在内涵上具有以下三个基本的特征，即这种新概念特别强调“整体的”“内生的”和“系统的”含义。

“整体”是指这样的一种观点，即在系统各种因果关联的具体分析之中，不仅仅考虑人类生存与发展所面对的各种外部因素，而且还要考虑其内在关系中必须承认的各个方面的不协调。尤其是对于一个国家或整个世界而言，发展的本质在于如何从整体观念上去协调各种不同利益集团、各种不同规模、不同层次、不同结构、不同功能的实体的发展。发展的总进程应如实地被看作是实现“妥协（compromise)”的结果。

“内生”是指主导着发展行为轨迹的持续推动，在于系统的内生动力。依照数学上的常规表达，是指描述系统“内在关系”和状态方程组的各个因变量，这些变量的自发组织、自觉调控、向性调控和结构调控，都将影响系统行为的总体结果。在实际应用上，“内生”的概念常被认为是一个国家或地区的内在禀赋、内部动力、内部潜力和内部创造力的不断优化重组，如其对于整合资源的储量与承载力、环境的容量与缓冲力、科技的水平与转化力、人力资源的培育与发挥等的阶梯式提高。

“系统”，不是各类组成要素的简单叠加，它代表着涉及发展的各个要素之间的互相作用的有机组合。这种互相作用组合包含了各种关系（线性的与非线性的、确定的与随机的）的层次思考、时序思考、空间思考与时空耦合思考。既要考虑内聚力，也要考虑排斥力；既要考虑增量，也要考虑减量，最终要把发展视作影响它的各种要素的关系“总矢量”的系统行为。

承认发展所具有的“整体”、“内生”与“系统”的特质，将有助于理解周围涉及科学发展观的深层次分析。联合国教科文组织在20世纪90年代就把发展总结为：“发展越来越被看作是社会灵魂的一种觉醒”（UNESCO：《1990～2000中期规则》，64页）。而可持续发展思想的形成，正是以上述发展概念的拓展为基础的。

科学发展观的理论核心，紧密地围绕着两条基础主线：其一，努力把握人与自然之间关系的平衡。通过认识、解释、反演、推论等方式，寻求人与自然的和谐发展及其关系的合理性存在。此外，人的发展与人类需求的不断满足应该同资源消耗、环境的退化、生态的胁迫等联系在一起。事实上，全球所面临的“环境与发展”这个宏大的命题，其实质就主要体现了人与自然之间关系的调控和协同进化。其二，努力实现人与人之间关系的和谐。通过舆论引导、观念更新、伦理进化、道德感召等人类意识的觉醒，更要通过政府规范、法制约束、社会有序、文化导向等人类活动的有效组织，去逐步达到人与人之间关系（包括代际之间关系）的调适与公正。归纳起来，全球所面临的“可持续发展”这个宏大的命题，它的实质就主要体现了人与自然之间和人与人之间关系的和谐与平衡。

有效协同“人与自然”的关系，是保障人类社会可持续发展的基础；而正确处理“人与人”之间的关系，则是实现可持续发展的核心。“基础”不稳，则无法满足当代和未来人口的幸福生存与发展。“核心”悖谬，将制约人类行为的协调统一，进而又威胁到“基础”的巩固。

2.3　可持续发展的概念和内涵

2.3.1　可持续发展的定义

可持续发展作为一种全新的发展观是随着人类对全球环境与发展问题的广泛讨论而提出来的。“可持续发展”一词，最初出现在 20 世纪 80 年代中期的一些发达国家的文章和文件中，“布伦特兰报告”以及经济合作发展组织的一些出版物，较早地使用过这一词汇。可持续发展概念自诞生以来，越来越得到社会各界的关注，其基本思想已经被国际社会广泛接受，并逐步向社会经济的各个领域渗透。可持续发展问题已成为当今社会最热门的问题之一。目前，可持续发展作为一个完整的理论体系正处于形成完善的过程中，而可持续发展概念本身的界定则相对滞后，可持续发展的定义在全球范围内仍然是众说纷纭，莫衷一是。到目前为止，该概念的不同表述多达近百种，下面选编的是一组由不同机构和专家做出的关于可持续发展的定义，这些定义大体方向一致，但表述有所不同。

① 对可持续发展的一个较普遍的定义可以表述为：“在连续的基础上保持或提高生活质量。”一个较狭义的定义则是：“人均收入和福利随时间不变或者是增加的。”

② 从经济方面对可持续发展的定义最初是由希克斯·林达尔提出，表述为“在不损害后代人的利益时，从资产中可能得到的最大利益。”其他经济学家（穆拉辛格等人）对可持续发展的定义是：“在保持能够从自然资源中不断得到服务的情况下，使经济增长的净利益最大化”。这就要求使用可再生资源的速度小于或等于其再生速度，并对不可再生资源进行最有效率的使用，同

时，废物的产生和排放速度应当不超过环境自净或消纳的速度。

③ 在世界环境和发展委员会（WECD）于1987年发表的《我们共同的未来》的报告中，对可持续发展的定义为：“既满足当代人的需求又不危及后代满足其需求的发展”，这个定义鲜明地表达了两个基本观点：一是人类要发展，尤其是穷人要发展；二是发展有限度，不能危及后代人的发展。

萨拉格丁认为，WECD的定义在哲学上很有吸引力，但在操作上有些困难。例如，能够做到既满足当代人的需求又不危及后代人的需求吗？如何对“需求”下定义？因为“需求”对于一个贫困的、正在挨饿的家庭，意思很清楚，而对于一个已经拥有了两辆小汽车、3台电视机的家庭意味着什么呢？而且恰恰是这些后一类的家庭，他们的人口不到世界的25%，却正在消费着超过世界80%的收入。

穆拉辛格认为，WECD的定义在字面上难以令人满意。因为，一方面，当代人为了发展不得不继续改变生物圈。另一方面，每一种同历史相连的系统（如生态系统）被改变后，则将来选择的可能性也被改变了。因此，必须在当代人的利用和后代人的选择之间做出妥协。

④ 美国有人对可持续发展的表述同WECE相似：满足现在的需求而不损害下一代满足他们需要的能力。进一步说，可持续发展是一种主张：a. 从长远观点看，经济增长同环境保护不矛盾；b. 应当建立一些可被发达国家和发展中国家同时接受的政策，这些政策既使发达国家继续增长，也使发展中国家经济发展，却不致造成生物多样性的明显破坏以及人类赖以生存的大气、海洋、淡水和森林等系统的永久性损害。

⑤ 世界自然保护同盟、联合国环境署和世界野生动物基金会1991年共同发表的《保护地球——可持续性生存战略》一书中提出的定义是：“在生存不超出维持生态系统涵容能力的情况下，改善人类的生活品质。”

⑥ 美国世界能源研究所在1992年提出，可持续发展就是建立极少废料和污染物的工艺和技术系统。

⑦ 普朗克（Pronk）和哈克（Haq）在1992年所作的定义是：“为全世界而不是为少数人的特权而提供公平机会的经济增长，不进一步消耗世界自然资源的绝对量和涵容能力。”普朗克等认为，自然资源应当以如下方式被应用：不会因对地球承载能力和涵容能力的过度开发而导致生态债务。

⑧ 世界银行在1992年度《世界发展报告》中称，可持续发展指的是：建立在成本效益比较和审慎的经济分析基础上的发展和环境政策，加强环境保护，从而导致福利的增加和可持续水平的提高。

⑨ 1992年，联合国环境与发展大会（UNCED）的《里约宣言》中对可

持续发展进一步阐述为“人类应享有与自然和谐的方式过健康而富有成果的生活的权利，并公平地满足今世后代在发展和环境方面的需要，求取发展的权利必须实现。”

⑩ 英国经济学家皮尔斯（Pearce）和沃福德（Warford）在 1993 年所著的《世界无末日》一书中提出了以经济学语言表达的可持续发展的定义：“当发展能够保证当代人的福利增加时，也不应使后代人的福利减少。”

⑪ 我国一些学者认为，可持续发展一词的比较完整的定义是：“不断提高人群生活质量和环境承载力的、满足当代人需求又不损害子孙后代满足其需求能力的、满足一个地区或一个国家的人群需求又不损害别的地区或别的国家的人群满足其需求能力的发展。”

对于上述各种定义的评论也很多。所提的问题主要有：究竟由哪些因素决定着涵容能力？涵容能力如何随时间和空间而变化？经济增长与发展之间的关系如何？公平是由哪些部分构成的？如何定义“过度开发”？如何定义和测量“自然资源总量”？自然资源的现有水平又是怎样的？等等。所有这些问题都反映了人们在对可持续发展定义基本认同的基础上继续深化自己认识的要求。

2.3.2　可持续性的内涵

“可持续发展”的内涵包含了两方面的内容：可持续性和发展。持续（sustain）一词来源于拉丁语 sustenere，意思是“维持下去”或者“保持继续提高”。对于资源和环境来说，持续指的是保持或延长资源的生产使用性和资源基础的完整性，意味着使自然资源的利用不应该影响后代人的生产与生活。

可持续发展的概念来源于生态学，最初应用于林业和渔业，指的是对于资源的一种管理战略：如何仅把全部资源中的合理的一部分加以利用，使得资源不受破坏，而保证新增长的资源数量足以弥补所利用的数量。例如一定区域内的渔业资源的可持续生产就是指鱼类捕捞量适当低于该指定区域内的鱼类年自然繁殖量。经济学家由此提出了可持续产量的概念，这是对可持续性进行正式分析的开始。很快，这一词汇被广泛应用到农业、开发和生物圈，而且不限于考虑一种资源的情形。人们现在关心的是人类活动对多种资源的管理实践之间的相互作用和累积效应，范围则从几大区域到全球。

可持续发展一词在国际文件中最早出现于 1980 年由国际自然保护同盟（IUCN）在世界野生生物基金会（WWF）的支持下制定发布的《世界自然保护大纲》（The World Conservation Strategy）。

由于可持续发展的概念最初是从生态学范畴中引申而来，当它应用于更加广泛的经济学和社会学范畴时，便不可避免地导致了一些不同的认识与理解，也发生过某些混乱，并按照不同的理解被加入了一些新的内涵。

（1）对可持续性的讨论

一个可持续的过程是指该过程在一个无限长的时间内，可以永远地保持下去，而系统的内外不仅没有数量和质量的衰减，甚至还有所提高。如果某项活动是可持续的，那么它对于任何一种实践目的，都可以永远继续下去。

要给可持续性精确地下定义是相当困难的，客观存在着内涵不很明确和容易引起歧义等问题。这是因为：在普遍意义上说，任何一种行为方式，都不可能永远持续不断地进行下去。在一个有限的世界里，它总会受到这样那样的威胁。每当人类面临这一时刻，总会意识到会有新的行为方式的诞生，并通过替代物的出现、技术的进步和制度的创新来完成。人类的历史进程已经证明了这一点，迄今为止人类发展本身在某种意义上就是一个"可持续发展"的过程。但这并不意味着，人们可以永远无视或者重复以往的教训，盲目地认为"车到山前必有路"。事实上，自然界已经向人类发出了警告，而可持续性正是一种新的行为方式。此外，通常所讲的可持续，只是在人类现有的认识水平上的可预见的"持续"，现实世界还有很多不确定和尚未为人认知的东西。

可持续性的最基本的、必不可少的情况是保持自然资源总量存量不变或比现有的水平更高。举个例子：从经济学角度讲，单纯使用存在银行里的本金所产生的全部利息就是一种可持续的过程，因为它保持了本金的数目不变，而任何比这更高的使用速度则会破坏本金。

1986 年，彼得·维托塞克（Peter Vitousek）等人在发表于《生命科学》上的一篇文章中估计，目前，地球上所有陆生生态系统的净初级生产量（net primary production）的 40%直接或间接地已经被人类利用了。因此，假定地球上人口增加到现在的 3 倍，而生产和消费模式仍不加以改变的话，人类将会耗尽地球上全部的初级净生产量。从这个意义上说，如果把"净初级生产量"看作本金所产生的利息，似乎"净初级生产量"提供了理解可持续性的一个基础。

有关生物地球物理可持续性的最重要的几个问题是：①哪些是可持续的？②能够维持多久？③以什么方式来实现可持续？④可持续是否仅仅指的是不降低平均生产能力或适应能力？⑤谁将从可持续中受益？⑥如何分配这些好处？

赫尔曼·戴利（Herman Daly）是系统考虑过这些问题的一位先驱。他在 1991 年提出了可持续性由三部分组成：①使用可再生资源的速度不超过其再生速度；②使用不可再生资源的速度不超过其可再生替代物的开发速度；③污染物的排放速度不超过环境的自净容量。以上第三点受到的批评比较多，因为环境对于许多污染物的自净容量几乎为零（如氯氟碳 CFCs、铅、电离辐射等）。问题的关键是确定污染物究竟达到什么程度时，其危害乃是人们可以忍受的。

摩翰·穆纳辛格（Mohan Munasinghe）和瓦特·希勒（Walter Shearer）认为，可持续性的概念应该包括：①生态系统应该保持在一种稳定状态，即不随时间衰减；②可持续性的生态系统是一个可以无限地保持永恒存在的状态；③强调保持生态系统资源能力的潜力，这样，生态系统可以提供同过去一样数量和质量的物品和服务。在这里，其潜力比之于资本、生物量和能量水平更应被看重。

人们认识到可持续性涉及生物地球物理的、经济的、社会的、文化的、政治的各种复杂因素的相互作用。根据不同的目标，对可持续性可以有经济的、生态（生物物理）的和社会文化的这 3 种主要的不同解释。从经济学观念对于可持续性的追求基于希克斯·林达尔（Hicks Lindahl）的概念，即以最小量的资本投入获取最大量的收益。从生态学观点看可持续性，问题则集中在生物物理系统的稳定性。从全球看，保持生物多样性是关键。可持续性的社会文化概念则试图保持社会和文化体系的稳定，包括减少它们之间的毁灭性碰撞。保持全球文化多样性，促进代内和代际公平是其重要组成部分。同保护生物多样性一样的理由，也要尽力保护社会和文化的多样性。

（2）可持续实现的途径

穆拉辛格等人认为，只有当全部资本的存量随着时间能够保持一定增长时，这种发展途径才是可持续的。如果获得收益的过程是通过使环境付出高额代价才得以实现，那它就不是可持续的。如果一种经济增长只是数量上的增长，那么从逻辑上讲，一个星球上的有限资源是不可能实现无限的可持续发展，而如果经济增长是生活质量的进步，并不一定要求对所消费的资源在数量上的增加，这种对质量进步超过对数量增加的追求则是可持续的，从而可以成为人类长期追求的目标。

自然资源的有限性实际上只能说明人类对其利用的一种历史性。在人类社会的一定历史时期，由于技术的、经济的、社会的、自然的因素的限制，可供人类利用的资源确实有限，但随着科学技术的进步，对自然资源的利用范围也将扩大。薪柴→煤炭→石油→核能的燃料发展谱系和木材、石块→青铜→钢铁→合成材料的材料发展谱系，都证明自然资源的利用范围是随着科学技术的发展而不断扩大的。

1980 年国际自然保护同盟（IUCN）认为，联合国环境署（UNDP）和世界野生生物基金会（WWF）的结论认为，可持续性需要：维持基本的生态过程和生命保障系统，保护基因多样性，可持续地利用物种和资源。总之，保护基因多样性和可持续地利用是维持基本的生命过程和生命保障系统的基础。世界银行行长巴伯·科纳布尔（Barber Conable）有一句精练的话："和谐的生态就是良好的经济。"

尽管可持续性在很大程度上是一种自然的状态或过程，但是不可持续性却往往是社会行为的结果。人的一切需求，归根结底也都是社会的需求。现代人的一切活动，都是受社会调节的。马克思曾经说过："社会化的，联合起来的生产者，将合理地调节他们和自然界之间的物质交换，把它置于他们的共同控制之下，而不让它作为盲目的力量来统治自己：靠消耗最小的力量，再无愧于和适合于他们的人类本性的条件下来进行这种物质交换。"废物是必然会产生的，但是每单位经济活动所产生的废物数量是可以减少的。进而言之，如果废物的清除（或交换）速率能够高于经济活动产生废物的速率，则在一段时间内所必须最终处置的废物总量是能够减少的。

建立可持续发展战略的理论体系所表明的三大特征，即数量维（发展）、质量维（协调）、时间维（持续），从根本上表征了可持续发展战略目标的完满追求。由此三维空间所构建的可持续发展战略，除了避免从词义上和内部关系上产生的各类误解外，将从理论构架和表述方式上对于可持续发展作出深层次的解析。

经过长期的探索，已经基本构建了可持续发展理论的三维模型，以及该三维模型详细的几何解释，具体见专栏 2.2。

专栏 2.2　可持续发展理论模型的几何解释

可持续发展的理论框架，建立在区域的发展过程与行为轨迹的本质之中，它必须处于生态响应（自然）、经济响应（财富）和社会响应（人文）的三维作用之下。发展过程的行为优劣、健康与否、功效大小和有序程度，均可以在三维共同响应的结果中侦检出来（图 2.2）。图中从 $t(0)$ 到 $t(N)$ 的矢量，代表了规范意义下的最佳发展行为。凡是偏离或背离这个矢量者，均被认为是在不同程度上对于最佳发展行为（可持续发展）的失误。

首先，考虑发展行为的"发展度"，它表达了可持续发展的第一个本质要求，亦即在原来基础上对于 $t(0)\rightarrow t(N)$ 方向上的正响应。如果用 G 表示发展度，则它随时间的变化为正，代表了它适应着发展度的要求。

其次，考虑发展行为的"协调度"，用符号 C 表示。它检验了发展行为偏离 $t(0)\rightarrow t(N)$ 线的状况。使用偏离角 α，实际行为 C_t 在 $t(0)\rightarrow t(N)$ 轴上的投影即（$C_t\cos\alpha$）与 C_t 之差，必须小于或等于某个规定的值 ε，否则被判定为协调度不好。

最后，考虑发展行为的"持续度"，用符号 S 表示。在某一时段实际发展行为所形成的三维立方体只有等于或小于它在 $t(0)\rightarrow t(N)$ 轴上投影所形成的立方体，才能被判为持续度可行。

G、C、S 三者既各自独立地对于可持续发展的行为起作用，任何一个度超出允许的范围，均被认为是对可持续发展的失误，同时只有当 G、C、S 三者同时都在允许的范围内，才能承认可持续发展是正确的。

$$G(\rightarrow)=\frac{dG}{dt}\geqslant 0;C(\rightarrow)=[C_t-(C_t\cos\alpha)]/C_t\leqslant\varepsilon;S(\rightarrow)=(G)_\alpha\leqslant(G)_P$$

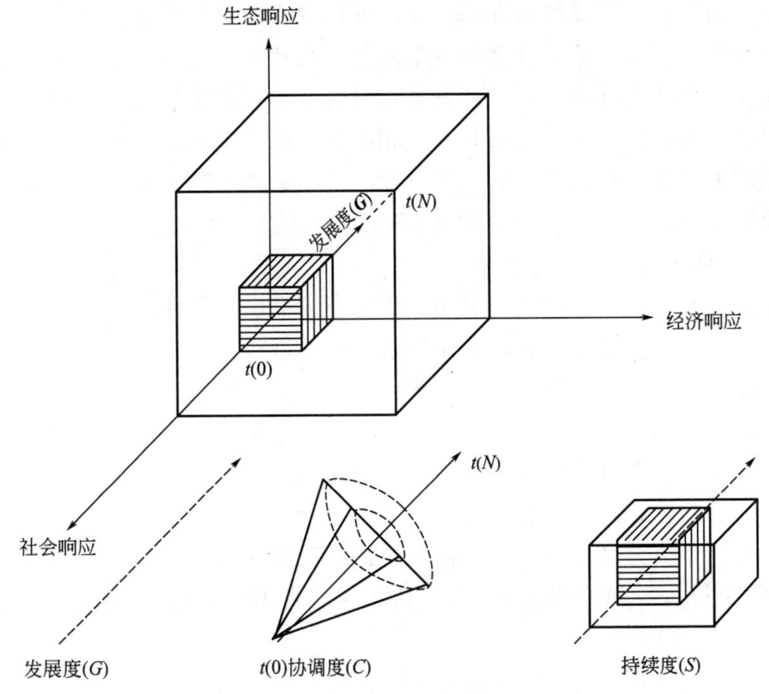

图 2.2　可持续发展几何解释图示

资料来源. 牛文元. 持续发展导论·科学出版社，1994.

综上所述，可持续发展是一种主要从环境和自然资源角度提出的关于人类长期发展的战略和模式，它不是在一般意义上所指的一个发展进程要在长时间上连续运行，不被中断，而是特别指出环境和自然资源的长期承载能力对发展进程的重要性以及发展对改善生活质量的重要性。可持续发展的概念从理论上结束了长期以来把发展经济同保护环境与资源相互对立起来的错误观点，并明确指出了它们应当是相互联系和互为因果的。广义的可持续发展是指随着时间的推移，人类福利可以实现连续不断的增加或者保持。

（1）可持续发展是一个综合动态的概念

可持续发展在代际公平和代内公平方面是一个综合的概念，它不仅涉及当代的或一国的人口、资源、环境与发展的协调，还涉及后代的和国家或地区之间的人口、资源、环境与发展之间矛盾的冲突。

可持续发展也是一个涉及经济、社会、文化、技术及自然环境的综合概念。可持续发展主要包括自然资源与生态环境的可持续发展、经济的可持续发展和社会的可持续发展这三个方面。可持续发展一是以自然资源的可持续利用和良好的生态环境为基础；二是以经济可持续发展为前提；三是以谋求社会的全面进步为目标。只要社会在每一个时间段内都能保持资源、经济、社会通话环境的协调，那么，这个社会的发展就符合可持续发展的要求。人类的最后目标是在供求平衡条件下的可持续发展。可持续发展不仅是经济问题，也不仅是社会问题或者生态问题，而是三者互相影响的综合体。而事实上，经济学家们往往强调保持和提高人类生活水平，而生态学家则呼吁人们重视生态系统的适应性及其功能的保持，社会学家则将他们的注意力集中在社会和文化的多样性上。

还应该注意到，可持续发展是一个动态的概念。可持续发展并不是要求某一种经济活动永远运行下去，而是要求不断地进行内部的和外部的变革，即利用现行经济活动剩余利润中的适当部分再投资于其他生产活动，而不是被盲目地消耗掉。

（2）不同学者对可持续发展内涵的理解

• 可持续发展的根本问题和特征

有的学者认为可持续发展的根本问题是资源分配，既包括在不同世代之间的时间上的分配（代际分配），又包括了在当代不同国家、不同地区的人群间的分配（地区分配）。

另外一些学者认为，可持续发展同传统发展观主要有五个不同点：①在生产上，把生产成本同其造成的环境后果同时考虑；②在经济上，把眼前利益同长远利益结合起来综合考虑，在计算经济成本时，要把环境损害作为成本计算在内；③在哲学上，在“人定胜天”与“人是自然的奴隶”之间，选择人与自然和谐共处的哲学思想，类似于中国古代的“天人合一”；④在社会上，认为环境意识是一种高层次的文明，要通过公约、法规、文化、道德等多种途径，保护人类赖以生存的自然基础；⑤在生产目标上，不是单纯以生产的高速增长为目标，而是谋求供求平衡条件下的可持续发展。

可持续发展有 5 大特征：①持久，表现为资源的消耗量低于资源的再生量与技术替代量之和；②稳定，指连续不断地增加和发展，其波动幅度在能够承受的安全限度以内；③协调，各生产部门、各种产品以及同一产品的不同品种能够达到结构合理、共同协调地发展；④综合，系指在对于产品及服务的供求平衡条件下，全面综合地发展，表现为不依赖外援的连续发展；⑤可行，指可持续发展的方案措施是切实可行、经济有效、可为社会所接受的。

可持续发展是当今科学对于人与环境关系认识的一个新阶段。在目前的认识下，有的学者认为，可持续发展包括 3 个基本要素：①少破坏、不破坏乃至改善人类所赖以生存的环境和生产条件；②技术要不断革新，对于稀有资源、短缺资源能够经济有效地取得替代品；③对产品或服务的供求平衡能实现有效的调控。

• 可持续发展的目标

有学者指出，可持续发展的目标是：①恢复经济增长；②改善经济增长的质量；③满足人类的基本需求；④确保稳定的人口；⑤保护和加强自然资源基础；⑥改善技术发展方向；⑦在决策中协调经济同生态的关系。

从上面提出的目标可以看出：可持续发展以经济发展为前提，如果经济搞不上去，社会发展、环境保护和资源持续利用也不可能。可持续发展的目的是发展，关键是可持续。

（3）可持续发展的基本内涵和本质

可持续发展把发展与环境作为一个有机的整体，其基本内涵是：

• 可持续发展不否定经济增长，尤其是穷国的经济增长，但需要重新审视如何推动和实现经济增长。要达到具有可持续意义的经济增长，必须将生产方式从粗放型转变为集约型，减少每单位经济活动造成的环境压力，研究并解决经济上的扭曲和误区。环境退化的原因既然存在于经济过程之中，其解决答案也应该从经济过程中寻找。

• 可持续发展要求以自然资产为基础，同环境承载力相协调。“可持续性”可以通过适当的经济手段、技术措施和政府干预得以实现。要力求降低自然资产的耗竭速率，使之低于资源的再生速率或替代品的开发速率。要鼓励清洁生产工艺和可持续消费方式，使每单位经济活动所产生的废物数量尽量减少。

• 可持续发展以提高生活质量为目标，同社会进步相适应。“经济发展”的概念远比“经济增长”的含义更广泛。经济增长一般被定义为人均国民生产总值的提高，发展则必须使社会和经济结构发生变化，使一系列社会发展目标得以实现。

• 可持续发展承认并要求体现出自然资源的价值。这种价值不仅体现在环境对经济系统的支撑和服务价值上，也体现在环境对生命保障系统的存在价值上。应当把生产中环境资源的投入和服务计入生产成本和产品价格之中，并逐步修改和完善国民经济核算体系。

• 可持续发展的实施以适宜的政策和法律体系为条件，强调“综合决策”

和“公众参与”。需要改变过去各个部门封闭地、“单打一”地分别制定和实施经济、社会、环境政策的做法，提倡根据周密的经济、社会、环境考虑和科学原则、全面的信息和综合的要求来制定政策并予以实施。可持续发展的原则要纳入经济、人口、环境、资源、社会等各项立法及重大决策之中。

从思想实质看，可持续发展包括3个方面的含义：一是人与自然界的共同进化思想；二是当代与后代兼顾的伦理思想；三是效率与公平目标兼容的思想。换言之，这种发展不能只求眼前利益而损害长期发展的基础，必须近期效益与长期效益兼顾，绝不能“吃祖宗饭，断子孙路”。

布鲁克菲尔德（H. C. Brookfield）在1991年指出，可持续发展的本质是运用资源保育原理，增强资源的再生能力，引导技术变革使可再生资源替代不可再生资源成为可能，制订行之有效的政策，限制不可再生资源的利用，使资源利用趋于合理化。

2.4 可持续发展对能源的需求

能源是人类赖以生存和发展的不可缺少的物质基础，在一定程度上制约着人类社会的发展。如果能源的利用方式不合理，就会破坏环境，甚至威胁到人类自身的生存。可持续发展战略要求建立可持续的能源支持系统和不危害环境的能源利用方式。人们开始认识到只有对能源资源进行合理的开发利用，才能保证资源的接替和永续利用，才能既满足当代人的需要，又不危及后代人的生存和发展。

随着世界经济发展和人口的增加，能源需求越来越大。在正常的情况下，能源消费量越大，国民生产总值也越高，能源短缺会影响国民经济的发展，成为制约持续发展的因素之一。许多发达国家曾有过这样的教训，如1974年世界能源危机，美国能源短缺1.16亿吨标准煤，国民生产总值减少了930亿美元；日本能源短缺0.6亿吨标准煤，国民生产总值减少了485亿美元。据分析，由于能源短缺所引起的国民经济损失，约为能源本身价值的20～60倍。因此，不论哪一个国家、哪一个时期，若要加快国民经济发展，就必须保证能源消费量的相应增长，若要经济持续发展，就必须走可持续的能源生产和消费的道路。

在快速增长的经济环境下，能源工业面临经济增长与环境保护的双重压力。能源一方面支撑着所有的工业化国家，同时也是发展中国家发展的必要条件。另一方面，能源生产也是工业化国家环境退化的主要原因，也给发展中国家带来了种种问题。

20 世纪 90 年代末期，化石燃料燃烧占美国商品能源消耗的 89%和世界总能源用量的 80%。到 2010 年左右全世界范围内化石燃料排放的温室气体——二氧化碳，据估计每年接近 300 亿吨。国际能源署（International Energy Agency，IEA）预测世界一次能源需求以每年 5%左右速度增长，2035 将比 2008 的水平高出 50%。他们还预测，到那个时候，80%的能源仍旧由化石燃料提供。于是，能源利用导致的二氧化碳排放量也将以大致相同的比例增长。

上述情况说明，我们的环境正承受着巨大的压力。科学界有越来越多的人认为："温室气体"的人为排放源对全球范围内的气候变化有重要的贡献。目前关于全球平均温度升高的报道是毋庸置疑的，而且，每年大气中的 CO_2 和其他气体浓度均稳定升高。同样，对于温室气体同热辐射之间作用机理的理论认识也不存在任何争议。尽管有关平衡效应和大气-海洋循环动力学等大气物理问题尚未完全解决，但是全球变暖的趋势是由人类活动，特别是化石燃料燃烧造成的这一事实已逐渐成为科学共识。面对这些发现，有人开始号召"给世界经济脱碳"（Goldberg，1996）。纪念馆如此，在世界范围内工业化国家并未努力采取严格的措施来削减温室气体的排放。（New York Times，1997）。

此外，还应该考虑化石燃料资源的长期可耗竭性前景以及当前地理分布的不均匀性。工业化国家在 20 世纪后半叶已经经历了地理分布不均匀性所造成的深远影响。简单地说，20 世纪 70 年代的"能源危机"就是那些曾经或者现在仍旧强烈依赖燃油进口的工业化国家所面临的燃油供应中断危机。根据分析，本世纪头 10 年中燃油进口国再次面临了燃油供应所带来的安全问题。

发展中国家对能源的潜在需求则是工业化国家的数倍，因为其总人口是工业化国家的 3 倍以上。目前，发展中国家的能源需求正以每年 5%的速度增长，而发达国家只有大约 2%，而且这些需求大部分只能通过进口石油来满足。

随着人类社会进一步发展，除非采取替代能源技术，否则对化石燃料的需求还将继续增长。根据国际能源署的研究，廉价的石油时代一去不返，石油峰值将以不同方式到来。虽然非常规石油蕴藏丰富，但价格更加昂贵。那些拥有资源或者能够负担进口费用的不发达国家将增大对燃油的需求，而其他不发达国家则只好发展其他化石能源，如煤和天然气，而不管是本国是否有足够的资源。这将加速全球污染和气候变化的步伐。人类只有依靠科技能力、科学精神和理性才能确保全球性、全人类的生存和可持续发展，才能导致人口、资源、能源、环境与发展等要素所构成的系统朝着合理的方向演化。纵观人类史，可把人类社会的发展规律归为智力发展的规律，把科技进步视为人类社会发展的基础和第一推动力。在未来时期，人类只有更加依赖科学文明、技术文明，才能创建更高级的人类文明模式，从而形成区域的和代际的可持续发展。

第 3 章

能源与经济发展

3.1 能源与经济增长的关系

能源是经济的命脉，人类社会对能源的需求，首先表现为经济发展的需求。反过来，能源促进人类社会进步，首先表现为促进经济的发展。而经济增长则是经济发展的首要物质基础和中心内容。

3.1.1 经济增长对能源的需求

1973 年爆发的“石油危机”，是人们关注能源与经济增长关系研究的直接动因。能源的长期稳定供给已经成为全球性的敏感问题和各国制定能源政策的基点。

经济增长对能源的需求首先或者最终体现为对能源总量需求的增长。主要有三种情况：①经济增长的速度低于其对能源总量需求的增长，即每增加一个单位的 GDP 所增加的能源需求量，大于原来每一单位 GDP 的平均能耗量；②经济增长与其对能源总量需求的增长同步，即每增加一单位 GDP 所增加的能源需求量，等于原来单位 GDP 的平均能耗量；③经济增长的速度高于其对能源总量需求的增长，即每增长单位 GDP 所增加的能源需求量，小于原来单位 GDP 的平均能耗量。这三种情况是在人类社会发展的历史上都曾经出现过，而且在当今世界的不同国家也同时并存。到目前为止，经济增长的同时保证能源总量需求下降的仅属个别的特殊情况。它不足以影响对这样一个基本规律的确认，即一般情况下，能源消耗总是随着经济增长而增长，并且在大多数时期基本上存在一定的比例关系。但是，21 世纪初一些专家提出了“新能源经济”概念。所谓“新能源经济”是指在保证经济高速增长的同时，能保持较低能源消耗的一种经济类型。

经济增长在对能源总量需求增长的同时，也日益扩展其对能源产品品种或结构的需求。首先，从一次能源中占主体地位的品种来划分，经济增长对一次能源的需求，经历了从薪柴到煤炭，又从煤炭到石油的发展，而且品种数量日益扩大。目前，各国政府不约而同地寻找替代石油的能源，也反映了经济增长对能源品种的需求。其次，即使对同一能源产品，也有不同的品种需求。

品种需求在某些方面也包含着质量需求。例如，煤炭代替木材作为冶炼燃料，根本的原因在于，在体积相同的条件下，前者的发热量远远超过后者。质量需求的直接动力来自于追求更高的效率。由于自然原因，不同的一次能源产品，存在明显的质量差异。就是同一类能源产品，也存在类似情况。因此，获得高质量的能源产品是提高能源利用率及其经济效益的重要前提条件。例如，煤炭的灰分比每增加 1%，焦炭灰分要增加 2%，炼铁焦要增加 3%；燃煤灰分每增加 1%，电厂的利用率就降低 1%；高炉喷吹煤粉灰分每降低 1%，置换比可提高 1.5%～2%。其他能源产品的类似质量需求在当今环境保护的压力下显得格外重要。特别是在发达国家，能源产品质量符合环境保护要求已经成为其能源战略的重要内容之一。从历史发展及其趋势看，经济增长与其对能源产品质量的需求也是按相同方向变化的。

3.1.2　能源在经济增长中的作用

长期稳定的能源供给之所以受到各国的普遍关注，从根本上说，在于经济增长的实现程度取决于其对能源需求的满足程度。能源是经济增长的推动力量，并限制经济增长的规模和速度。具体来说，能源在经济增长中的作用主要表现在以下几个方面。

（1）能源推动生产的发展和经济规模的扩大

投入是经济增长的前提条件。在投入的其他要素具备时，必须有能源为其提供动力才能运转，而且运转的规模和程度也受能源供应的制约。物质资料的生产必须要依赖能源为其提供动力，只是能源的存在形式发生了改变。从历史上看，煤炭取代木材，石油取代煤炭以及电力的利用，都促进生产发展走入一个更高的阶段，并使经济规模急剧扩大。

（2）能源推动技术进步

迄今为止，特别是在工业交通领域，几乎每一次的重大的技术进步都是在“能源革命”的推动下实现的。蒸汽机的普遍利用是煤炭大量供给的条件下实现的；电动机更是直接依赖电力的利用；交通运输的进步与煤炭、石油、电力的利用直接相关。农业现代化或现代农业的进步，包括机械化、水利化、化学化、电气化等同样依赖于能源利用的推动。此外，能源的开发利用所产生的技术进步需求，也对整个社会技术进步起着促进作用。

（3）能源是提高人民生活水平的主要物质基础之一

生产离不开能源，生活同样离不开能源，而且生活水平越高，对能源的依赖性就越大。火的利用首先也是从生活利用开始的。从此，生活水平的提高就与能源联系在一起了。这不仅在于能源促进生产发展为生活的提高创造了日益增多的物质产品，而且依赖于民用能源的数量增加和质量提高。民用能源既包括炊事、取暖、卫生等家庭用能，也包括交通、商业、饮食服务业等公共事业用能。所以，民用能源的数量和质量是制约生活水平的主要基础之一。

3.1.3 能源与经济增长评价

能源与经济增长的一般关系是通过数量关系反映出来的。因此，对数量关系的评价在能源与经济增长关系的研究中具有极为重要的意义。目前，国内外比较通用的评价方法是能源消费弹性系数法。

(1) 能源消费弹性系数的概念及计算方法

能源消费弹性系数分析方法是一种宏观的计量经济分析方法。该方法就是把能源消费量与经济增长定量地表示出来，以考察二者关系的一般发展规律。

能源消费弹性系数的概念及计算方法如下：

能源消费弹性系数表示能源消费量增长率与经济增长之间的比例关系。它的数学表达式为：

$$e=\frac{\mathrm{d}E/E}{\mathrm{d}G/G}=\frac{\mathrm{d}E}{\mathrm{d}G}\times\frac{G}{E} \tag{3.1}$$

式中，e 为能源消费弹性系数；E 为前期能源消费量；$\mathrm{d}E$ 为本期能源消费增量；G 为前期经济产量；$\mathrm{d}G$ 为本期经济产量的增量。

为了考察不同时期能源消费弹性系数的变化情况，需要根据式(3.1)进行具体计算。目前，国际上普遍采用的计算方法是平均增长速度方法，也叫几何平均法。具体计算方法如下。

设 α 和 β 为考察期能源消费平均增长率和经济产量平均增长率，则

$$\alpha=\left(\frac{E_t}{E_0}\right)^{\frac{1}{t-t_0}}-1 \tag{3.2}$$

$$\beta=\left(\frac{G_t}{G_0}\right)^{\frac{1}{t-t_0}}-1 \tag{3.3}$$

式中，t 和 t_0 分别代表终期年和基期年；E_t 和 E_0 分别代表终期年和基期年能源消费量；G_t 和 G_0 分别代表终期年和基期年经济产量。这样，式(3.1)就转换为：

$$e=\frac{\alpha}{\beta}=\left\{\left(\frac{E_t}{E_0}\right)^{\frac{1}{t-t_0}}-1\right\}\Big/\left\{\left(\frac{G_t}{G_0}\right)^{\frac{1}{t-t_0}}-1\right\} \tag{3.4}$$

式(3.4)就是按平均增长速度法或几何平均法计算能源消费弹性系数的基本表达式。

(2) 指标选择及其意义

作为宏观分析方法，能源消费弹性系数是可以根据研究问题的需要而选择适当指标的，只要分子和分母为统一范围或对称即可。由于选择的指标不同，表达的含义也就不同。目前采用比较多的大体上有三类。

• 总量或全局性指标

这是考察能源消费弹性系数最主要的指标，其意义在于完整地表示能源消费增长与经济增长的关系。根据分子的选择不同，又可分为一次能源消费弹性系数和电力消费弹性系数两种。

一次能源消费弹性系数一般又简称为能源消费弹性系数。换句话说，能源消费弹性系数通常是指一次能源消费增长与经济增长的关系。一次能源的范围仅限于商品能源。目前，发达国家非商品能源在一次能源中所占的比重甚小，可以忽略不计，因为可以用能源总量来表示。但在发展中国家，非商品能源所占比重还是比较大的。因此，有人不赞成用商品能源作为反映发展中国家能源消费弹性系数的指标。但是考虑到发展中国家目前的情况是发达国家历史上曾经经历过的，考察发达国家历史情况时采用的也是商品能源指标。另一方面，经济增长事实上说的是商品经济的增长，并不包括非商品经济。所以，采用商品能源的指标是具有科学性和可比性的。与能源消费总量相对应，分母应选取反映经济增长的综合指标。

电力消费弹性系数一般都采用发电量指标。与其相对应的则可根据研究问题的需要灵活选择。例如，电力与经济增长的关系应选择与能源消费弹性系数相同的指标，电力与工业生产的关系应选择工业总产值指标等等。

• 部门或地区指标

能源消费弹性系数也适合于分析某一部门或行业或某一地区能源消费与经济增长的关系。这样，只需把系数的分子和分母相应调整为该部门或该地区能源消费增长率和增长指标就可以了。

• 人均指标

目前，还常常采用人均能源消费弹性系数指标来表示一个国家或地区能源消费与经济增长的关系。它的优点是把人口增长因素也考虑进去，特别是进行国际比较时。人均能源消费弹性系数是人均能源消费量与人均产值的比例关系，可用以下数学表达式来表示：

$$e_C=\frac{dF/F}{dN/N} \tag{3.5}$$

式中，F 和 dF 分别代表前期人均能源消费量和本期增量；N 和 dN 分别代表前期人均产值和本期增量。其计算方法与式(3.4) 相同。

(3) 几何平均法的缺陷及弥补

在实际生活中，能源消费逐年增长率并不是相等的，经济增长率也是如此。因此，能源消费弹性系数在大多数年份也不是平均值。但几何平均法计算的能源消费弹性系数，只考虑初始年 t_0 和期末年 t 的数据，由此产生了两个问题，一是初始年和期末年的选择会对弹性系数产生影响；二是不能反映中间年份的实际情况是如何变化的。为了弥补这个缺陷，通常要用能源消费的“增长三角形”和经济增长的“增长三角形”以及在这两个“增长三角形”基础上汇总的“能源消费弹性系数三角形”表示。

3.1.4 经济发展与能源消费的基本规律

(1) 经济发展与能源消费基本规律建立的数据基础

经济发展、人口、能源等基础数据是资源消费基本规律建立的基本依据。讨论这些数据的来源，甄别它们的准确性，判定其可靠程度和即时性，对于科学地总结经济发展与能源消费的基本规律至关重要。

① 国内生产总值（GDP）数据　从全球角度分析经济发展与能源消费的基本规律，需要有一个能够有效对比各个国家实际经济发展水平（GDP 或 GNP）的统一货币尺度。也就是说衡量各个国家的 GDP 水平既无法使用各国不变价格的本币，也不能沿用受控于政府的不变价格汇率。倘若以各个国家自行确定的汇率计算 GDP，那么世界各国的 GDP 很难互相比较，如 2000 年我国 GDP 总量为 9977.265 亿美元（中国政府公布的数据），排在美、日、德、英和法国之后，位居世界第六位［图 3.1(a)］，如果根据世界银行以可比价格 (Purchasing Power Parity，简称 PPP) 计算各国的 GDP，则我国 GDP 总量为 4.8 万亿美元，列世界第二位［图 3.1(b)］，是上述中国政府公布数据的近 5 倍。众所周知，本币对美元的汇率由各国政府视国内外经济情况而定，并非实际价值的体现。亚洲发生经济危机期间，中国政府曾以一个负责任的大国承诺人民币不贬值实际上就说明了这个道理。因此，根据各个国家自行确定的汇率计算的 GDP 很难在全球的尺度上客观地评估不同国家实际国内生产总值的多少及其水平的高低。国际货币基金组织和世界银行通过国际对比项目研究建议提出了以可比价格折算的国际元（PPP)，鉴于国际元（PPP）给出的时间尺度相对较短，以下的分析将采用盖凯美元作为国家间经济发展水平对比的指标，并利用《世界经济 200 年回顾》1995 年版本和《世界经济 1000 年回顾》2001 年版本提供的以盖凯美元表示的世界主要国家 GDP 和人均 GDP 数据，作为国家间经济发展水平对比的基础。尽管由于国家间经济水平的差异、价格体系的不同，特别是对市场经济不完善的国家，要准确评价其 GDP 水平实在很难，但是与 PPP 给出的数据对比研究表明（表 3.1)，盖凯美元给出的可操

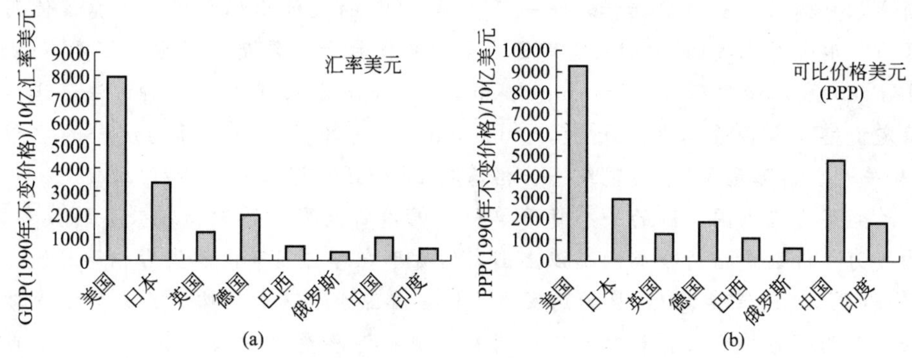

图 3.1 部分国家汇率 GDP 与 PPP 比较

作和可比的货币系统是可靠和可行的。

表 3.1 一些国家 GDP 水平的三种表示方法及对比（2000 年）

国家	人口/千人	GDP 水平(汇率美元)		GDP 水平(PPP 美元)		GDP 水平(盖凯美元)	
		总量/百万美元	人均/美元	总量/百万美元	人均(美元)	总量/百万美元	人均/美元
美国	278357	7947469	28551	9255000	33248	8096313	28990
日本	126714	3361551	26528	2950000	23280	2673543	21089
英国	58830	1209106	20552	1290000	21927	1201842	20149
德国	82220	1959130	23827	1864000	22670	1627792	19605
巴西	170115	596576	3506	1075000	6213	932000	5500
俄罗斯	146933	364221	2478	620300	4221	646000	4400
中国	1277558	997726	780	4800000	3757	5950000	4640 *
印度	1013662	507877	501	1805000	1780	1850000	1800

注：以盖凯美元表示的中国 GDP 数据是按 Maddison1995 年所著的《世界经济 200 年回顾》和 2001 年所著的《世界经济 1000 年回顾》两版中中国 GDP 数据的平均值。

② 人口数据　运用人均 GDP、人均资源量和人均社会财富积累程度需要掌握世界及各个国家人口的历史数据及未来趋势。本章节中所使用的人口数据来自于联合国经济和社会事务发展署（UNESD）人口局、联合国世界资源研究所（WRI）和美国中央情报局（CIA）2000 年网上发布的最新资料。鉴于这些来自于不同部门的数据相差甚微，选取具有权威性的联合国经济和社会事务发展署人口局提供的数据，作为统计分析的基础。

专栏 3.1　购买力平价（PPP）与盖凯美元（Geary-Khamis）

GDP 是不同国家或地区经济实力对比的重要指标之一。GDP 的国际对比不仅需要统计指标、项目的统一，而且需要在同一种货币（通用货币单位）基础上进行对比。第二次世界大战结束后各国逐步采用联合国统计委员会建立的国民账户体系（SNA）指标，统一了各国 GDP 的统计指标和项目，尝试使用通用货币来对比各国 GDP。通用货币单位的换算十分复杂，通常有汇率（exchange rate）和购买力平价（purchasing power parity，PPP）两种方法，通过确定价格换算因子（价格指数，price index）将各国货币换算为统一的货币(如美元、国际元等)，实现统一价格基础上的 GDP 计算和国际对比。

购买力指各国本国的一个货币单位在国内所能买到的货物和劳务的数量。购买力平价则是指两个或两个以上国家的货币在各自国家内购买力相等时的比率（PPP）。现有估算 GDP 的购买力平价法都源于卡塞尔的购买力平价汇率理论。用购买力平价估算和对比不同国家宏观经济总量的方法和实践始于 17 世纪 60 年代，而用购买力平价方法估算各国的实际 GDP 进行国际比较是第二次世界大战后开始的，并发展派生出了多种购买力平价理论方法（如 Additive system，EKS 及派生方法，Geary-Khamis 法）。盖-凯法（Geary-Khamis，R. S. Geary 于 1958 年首创，S. H. Khamis1970 年及以后加以发展）是一种多指标购买力平价方法。

始于 1968 年执行的联合国国际对比项目（ICP，International Comparison Programme）为了更广泛而有效地进行国际间对比，基于经济学家 Geary (1958)、Khamis（1972）和 Kravis、Heston 和 Summers（1978）的购买力平价理论，设计并首次系统地形成了一种新的购买力平价法，亦称 ICP 法，主要用于双边比较，并据此计算出世界各国实际 GDP。购买力平价指标计算的价格单位是国际美元（international dollar)。ICP 的方法是利用各国 2000 多种代表规格品的价格资料进行加权平均，得到各国货币的国际比较资料，尽管已完成了六个阶段报告，但是，由于各报告货币换算依据的基准年不同，统计的国家数量不一致，数据不够连续，使用起来困难较大。

OECD 组织基于早期 Geary-Khamis 法理论改进了 ICP 法，提出了自己的购买力平价方法。这种购买力平价方法的盖凯价格因子具有传递性以及基准国家的不变性和可加性，比 ICP 早期采用的仅适用于双边比较的 PPP 法具有明显的优势。经这种换算得到统一货币称为盖凯美元。目前已经成为适用于多边国家或地区 GDP 比较的通用货币。OECD 估算了世界主要国家千年发展历史的 GDP，为研究世界经济提供了良好比较基础。OECD 的成果主要发表在《世界经济 200 年回顾》（Angus Maddison，1995 年著；李德伟，盖建玲译，1997）和《The World Economy：A Millennial Perspective》(Angus Maddsion，2001)。

③ 能源数据　能源问题，包括一次能源总量、石油、天然气和煤炭储存、生产、消费、贸易和价格数据的甄别、选择和使用都很重要。不同来源数据综

合比较分析结果表明，各种来源的数据差异不大，并且微小的差异也并非个性差异而是系统差别，因此本章节选择全世界公认较为权威的英国国家石油公司（BP）提供的数据作为本项研究的基础，并适当参照其他数据资料作为辅助。

（2）经济发展与能源消费的基本规律与模式

从原始社会简单利用能源的石器时代、农业社会能源小规模开发利用的青铜时代与铁器时代到现代工业社会乃至于后工业社会，人类消费能源的种类、数量、领域、方式、效率、强度和速率发生了天翻地覆的变化。这种变化呈某种趋势与各个社会发展不同阶段相对应，特别是步入工业化社会和后工业化社会，经济发展不同阶段的能源消费明显遵循着某些规律而发生变化。认识并揭示这些规律，对于有效把握全球能源消费趋势，客观评估全球能源形势，科学预测未来能源需求，合理制定全球能源战略意义深远。

① 总量消费　能源总量消费规律是指以国家为消费单位，其能源总量消费的趋势及变化规则。

研究结果表明，工业化过程中随着国内生产总值（GDP）的增长，总能源消费基本上呈线性模式增长。图3.2中两个呈线性分布的区域分别表示快速工业化国家或地区（日、韩、中国台湾地区等）和缓慢工业化国家（美、英、德等）总能源消费的个性化差异及其变化区间。其中，竖虚线区代表历经漫长工业化过程国家能源消费总量变化趋势，较小的斜率说明其能耗增速较为缓慢，即便是进入后工业化阶段其总能源消费增量依旧；横虚线区代表历经快速工业化过程国家总能耗的增长趋势，前半段较大的斜率反映出工业化过程中其总能耗增加速度较快，后半段曲线斜率变小则暗示工业化峰期之后，进入后工业化阶段总能耗增加速度的减缓。工业化峰期及后工业化时期，快速工业化的蓝色区位于粉红色区之上说明当国家大小、人口相近时，快速工业化国家将需要更多的年能源耗费。能耗与经济增长这种线性关系表明，无论是工业化社会还是后工业化社会，经济总量增长持续依赖总能耗的增长是一个基本规律。

从图3.2中可以看出，许多经济学家期待已久的能源消费随着经济增长出现零增长或者负增长的现象始终没有显现。尽管，随着GDP的增长英国能源消费出现了零增长的趋势，德国在20世纪80年代末期民主德国、联邦德国合并后，在GDP增长十分缓慢的情况下出现了能源消费的负增长，但是由于这类样本太少，目前还不能作为一种规律来讨论。从理论上讲，随着科学技术的进步和经济增长方式的转变，伴随着后工业化经济的增长，出现能耗零增长或负增长是可能的。

② 人均消费　人均能耗，是刻画国家能源消费水平的科学指标。消除人口膨胀或萎缩因素影响后的人均能耗量，与人均GDP的动态分析对比研究能

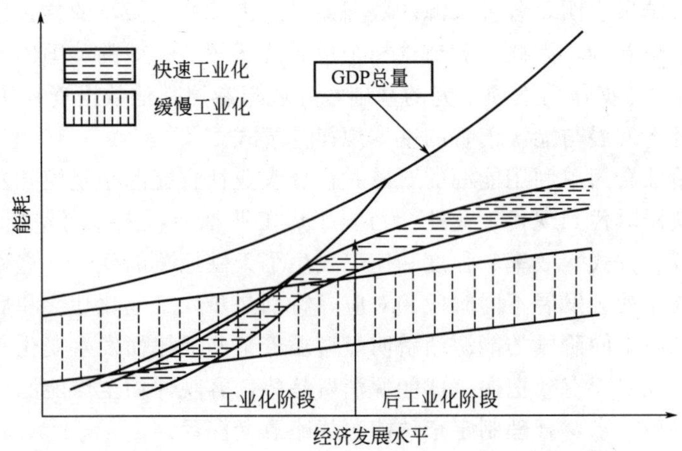

图 3.2　总能耗与经济发展的关系

够更加深刻地揭示经济发展与能源消费之间的内在联系。

人均能耗与人均国内生产总值（GDP）的相关分析结果表明，无论是工业化还是后工业化阶段，人均 GDP 与人均能耗二者之间均呈明显的线性关系。图 3.3 中呈雁行式排列的 3 个处于不同高度的区域分别代表了高度耗能、一般耗能和节能 3 个不同的人均耗能国家类型随着人均 GDP 增长其人均能耗增长的演化趋势。每个色区的区间则反映了相同耗能类型国家人均能耗的个性化差异。人均能耗与人均 GDP 的这种良好的线性关系表明，经济发展过程中人均 GDP 的增长要求人均能耗随之以较大的比例增加。在能源消费领域和经济增长方式发生重大质的变革之前，任何一个国家的经济发展都很难超越这一规则。

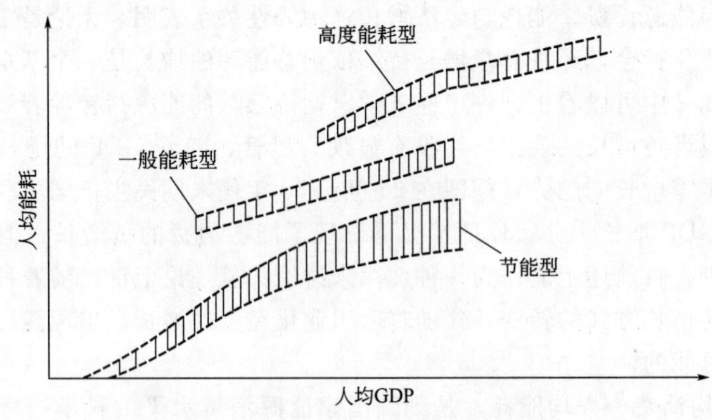

图 3.3　人均能耗与人均 GDP 的关系

一个不争的事实是经济发展水平很高的国家和地区，无一不具有非常高的人均能源消费量，没有一个经济发展水平很低的国家具有高的人均能耗。这表明要将国家经济发展到一个较高的水平需要一个人均能耗的最低基准，低于这个基准国家经济的发展很难发生大的飞跃。

③ 消费强度　广义的能源消费强度指单位经济指标中能源消费量。这里的消费强度用创造单位 GDP 所投入的能源量来衡量，以每百万盖凯美元 GDP 所消耗的能源表示。

能源消费强度变化与工业化进程密切相关。随着经济的发展，工业化阶段能源消费强度一般呈缓慢上升趋势，当经济逐渐成熟进入后工业化阶段后，经济增长方式发生重大改变，能源消费强度开始下降（图 3.4）。图中曲线区间描述了不同国家能源消费强度的个性差异，工业化阶段相对离散的消费强度反映工业化早中期阶段，由于各个国家能源效率和产业结构差距较大导致不同国家能源消费强度具有很大的差别，后工业化阶段伴随能源利用技术的进步与成熟，各国能耗强度总体降低并趋于一致。先期工业化国家和新兴快速工业化国家所展示的能源消费强度这种演变趋势和规律表明，尽管当今世界节能技术日趋成熟，但是在完成工业化进程之前，大幅度降低国家能源消费强度很难实现。

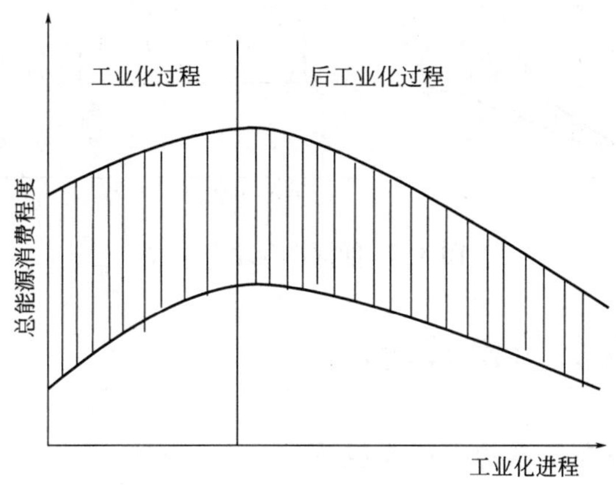

图 3.4　总能源消费强度模式

④ 消费速率　以 GDP 的增长速度为标尺来衡量能源消费的相对增长速度被称为能源消费的弹性系数法，一般用统计分析的方法对数据进行处理，并用来标定能源的消费速率。

经济发展过程中的能源消费速率呈现出三阶段模式（图 3.5）。①前工业化过程：能源消费的增率与 GDP 增率之比一般小于 0.5，能源消费增长速度远远低于 GDP 的增长速度。②工业化过程：分为缓慢工业化和快速工业化两个阶段，其中缓慢工业化过程中的能源消费增率与 GDP 增率之比介于 0.8～1.2 之间，能源消费增长的速率接近于 GDP 增长的速度，快速工业化过程中的能源消费增长速率与 GDP 增率之比介于 1～1.5 之间，能源消费增长的速度明显高于 GDP 增长的速度。③后工业化过程：能源消费的增长速度开始变缓，其增率与 GDP 增率之比一般不超过 0.8，能源消费的增长速度相对低于 GDP 增长的速度。图 3.5 中各段曲线斜率变化区间代表了各个国家能源消费速率的个性差异特征。目前，世界各国能源消费基本上都遵循这样一个规律。

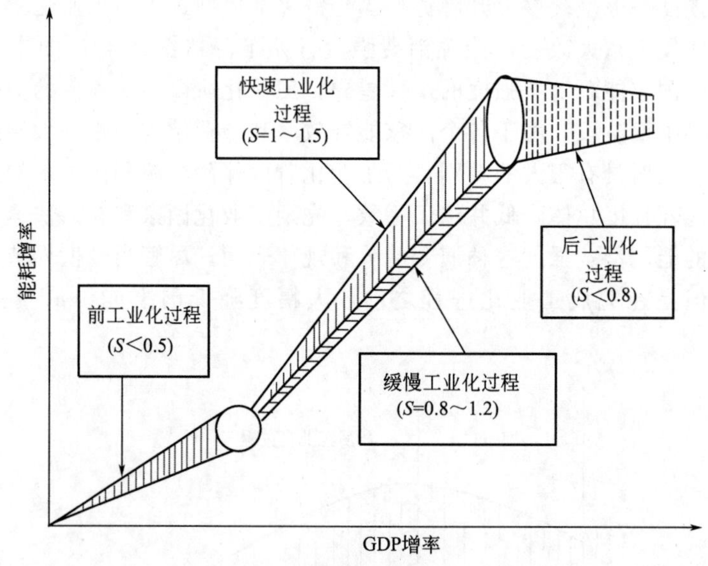

图 3.5 能源消费速率模式

3.2 能源与经济模式选择

3.2.1 循环经济在全球的兴起与发展

当前经济形态向循环经济的划时代转型，将是以市场驱动为主的产品工业向以生态规律为准则的绿色工业转变的一次史无前例的里程碑式的产业革命。循环经济作为人类发展历史上一种先进的模型选择，正越来越为国际社会所接受。

联合国环境规划署 2002 年在巴黎发表的《全球环境综合报告》表明，1992 年全球可持续发展首脑会议召开 10 年来，全球环境状况仍在恶化，经济的发展对商品、服务需求的增长，正在抵消环境改善的努力。环境退化所导致的自然灾害，对世界造成了 6080 亿美元的损失，这相当于此前 40 年中损失的总和。当前的全球经济模式以市场需求为导向，以产品工业为主体，忽视了基本的生态环境准则，扭曲的经济发展系统正朝着与生态环境支撑系统背道而驰的方向演化并渐趋衰落。人类社会谋求进一步生存和发展的需求，促进了全球经济模式由“资源—产品—污染物排放”所构成的物质单向流动的线性经济向生态型循环经济的重组与转型。国际上 10 多年前已提出的循环经济概念，到 20 世纪末，在经济发达国家终于逐步付诸实施，并形成为国家的法律、制度。

全球经济目标增长的惊人尺度勾勒出人类社会对资源环境的深度挑战。世界观察研究所名誉所长 Lester R. Brown 近期的研究表明：以 50 年前所无法想象的对环境的恶意破坏为基础，全球产品与服务的产出已从 1950 年的 6 万亿美元剧增至 2000 年的 43 万亿美元，如果世界经济继续以每年 3%的速度增长，按照现有的经济模式和产业结构，全球的产品与服务将在未来 50 年中激增四倍，达到 172 万亿美元。过去 50 年中，全球经济总量递增了七倍，这使得地区的生态环境承载能力超出了可持续发展的极限；全球捕鱼业增长了五倍，这促使大部分的海洋渔场超越了其可持续渔业生产能力；全球纸业需求扩张了六倍，这导致世界森林资源严重萎缩；全球畜牧业增长了两倍，这加速了牧场资源的环境恶化，并增强了其荒漠化的趋势。

循环经济是一种运用生态学规律来指导人类社会的经济活动，建立在物质不断循环利用基础上的新型经济发展模式。它要求把经济活动组织成为“资源利用——绿色工业——资源再生”的封闭式流程，所有的原料和能源要能在不断进行的经济循环中得到合理利用，从而把经济活动对自然环境的影响控制在尽可能小的程度。

适时地建构一个高效有序的循环经济体系，需要在全球范围快速地实行遵循环境可持续发展战略的系统性经济转型。虽然可持续发展战略的概念已提出近二十年，但至今没有一个国家依据这一战略成功构筑以重建碳循环平衡、稳定人口增长、防止地下水位下降、保护森林和土壤、维持生物多样性等为目标的生态型循环经济。一些国家正在或将要在某些领域进行产业重构，但有待于区域与全球范围内的进一步协作，以期取得令人满意的进展。

20 世纪 80 年代末至 90 年代初，北欧、北美等发达国家为提高综合经济效益、避免环境污染而以生态理念为基础，重新规划产业发展提出一种新型发展思路——循环经济。近年来，循环经济在西方发达国家已经逐渐成为一股新经济的潮流和趋势。

丹麦是循环经济的先行者，它已经稳定了人口规模，取缔了燃煤能源工厂和一次性饮料包装生产线，并实现了风力发电占全国总电力的 15%。此外，丹麦重建了城市运输网络，首都哥本哈根32%的运输线路由自行车取代。卡伦堡生态工业园区采取以电厂、炼油厂、制药厂、石膏板生产厂为核心，农业、生活服务业为辅助，实现共享资源和互换副产品，对热能进行多级利用，以一个企业的废物作为另一企业的原料，为实现污染物的零排放目标而努力。

美国在循环经济立法方面取得了可喜的进展。1976年首次制订了《固体废弃物处置法》，1990年加州通过了《综合废弃物管理法令》，要求通过源削减和再循环减少50%废弃物；由七个州组成的州际联盟规定40%～50%的新闻纸张必须采用再生纸；威斯康星州规定塑料容器必须使用10%～25%的再生原料；已有半数以上的州制定了不同形式的再生循环法规。

德国1986年就颁布实施了《循环经济与废物管理法》，规定对废物的优先顺序是避免产生——循环使用——最终处置。随后几年内制定了包括《包装条例》《限制废车条例》和《循环经济法》等在内的一系列立法措施推动循环经济的发展，采取双元系统模式和双轨制回收系统，成立专门组织对包装废弃物进行分类收集和回收利用，有效地保护了原材料资源，将整个消费和生产改造成为统一的循环经济系统。

日本在2000年召开了一届“环保国会”，通过和修改了如《推进形成循环经济型社会基本法》《促进资源有效利用法》《食品循环资源再生利用促进法》等多项环保法规。这些法规均已相继付诸实施，将零排放作为企业的新型经营观念，逐步实现以清洁生产和资源节约为目标的新型产业结构。

欧洲31国及日本，已经稳定了区域人口规模，实现了构建生态经济最重要的基本条件。欧洲已经稳定其人口在食品生产能力范围之内，并将其剩余的粮食生产转向出口；中国现有的人口增长率已经低于美国，并朝着人口的稳定增长健康发展。

韩国的重新造林工程已经持续了一代人，基本实现了绿树满山。哥斯达黎加计划到2025年完全采用可再生能源，以取代当前对耗竭性资源的掠夺性开采。由Shell公司和DaimlerChrysler公司发起领导的产业联盟计划在冰岛建立世界上第一个氢能源经济实体，以树立产业循环经济的概念模式。

循环经济不仅得到了发达国家政府的推动，也得到了企业界的积极响应。西方许多企业在微观层次上运用循环经济的思想，进行了有益的探索，形成了一些良好的运行模式。杜邦化学公司建立企业内部的循环经济模式，创造性地把循环经济3R原则发展成为与化学工业相结合的“3R制造法”，以达到少排放甚至零排放的环境保护目标。组织厂内各工艺之间的物料循环，从废塑料中回收化学物质，开发出耐用的乙烯产品。通过放弃使用某些环境有害型的化学物质、减少一些化学物质的使用量以及发明回收本公司产品的新工艺，至

1994年已经使该公司生产造成的废弃塑料物减少了25%，空气污染物排放量减少了70%。

当前我国城市和农村的产业结构性污染日益严峻，通过创建生态产业园区引入循环经济模式，是一条新的可持续发展之路。北京中关村将全力打造西北部一个面积约四平方公里的环保示范园，希望其成为国内外首家绿色可持续发展园区，通过倡导绿色文化和绿色时尚、环境污染防治、分类回收全部垃圾、建设大面积城市湿地“绿肺”，以绿色科技打造未来建筑规划，应用风能发电等绿色电力，服务于潜力巨大的循环经济。

广西贵港国家生态工业（制糖）示范园区通过产业系统内部中间产品和废弃物的相互交换和有机衔接，形成了一个较为完整的和闭合式生态工业网络，使系统资源得到最佳配置，废弃物得到有效利用，环境污染减少到最低程度。在蔗田系统、制糖系统、酒精系统、造纸系统、热电联产系统、环境综合处理系统之间，形成了甘蔗——制糖——蔗渣造纸生态链、制糖——废糖蜜制酒精——酒精废液制复合肥生态链和制糖——低聚果糖生态链三条主要的生态链。因为产业间的彼此耦合关系，资源性物流取代了废物性物流，各环节实现了充分的资源共享，将污染负效益转化成资源正效益。

山东鲁北化工股份有限公司按照企业循环经济模式打造新型环保企业，通过世界首创的石膏制酸联产水泥工艺技术，高效带动三大传统化工产品磷胺、硫酸、水泥的快速发展，被确认为我国独有的、具有革命性意义的“零排放”可持续发展技术，形成了“资源——废料——原料”资源多次利用的良性循环。

3.2.2　循环经济的概念内涵和评价原则

循环经济作为人类发展历史上的一种先进的模型选择，正越来越为国际社会所接受。众所周知，从一种线型的发展模式（即单向的高投入、低产出、高污染的生产方式）向网络式的多重环圈发展模式（即资源消耗的减量化、废弃物的再利用和再循环）进化，在发展理念上是一种革命性的变革，实施起来的难度是相当大的。

循环经济是在战略上寻求中国可持续能力瓶颈突破的最佳选择。联合国环境规划署（UNEP）2002年在巴黎发布的《全球环境综合报告》以日益恶化的全球环境呼唤循环经济为题，着重指出：“过去十年，传统的线性经济方式进一步导致环境退化和灾害加剧，对世界造成了6080亿美元的损失——相当于此前40年中的损失总和”。“最新气候模型表明，除非大大减缓资源使用，推行循环经济模式，否则到100年后的2100年，地球温度将比现在上升6℃，必然导致气候变暖、生物多样性减少、土壤贫瘠、空气污染、水极度缺乏、食品生产减少和致命疾病扩散等全球性重大环境问题”。

我国每年环境污染、自然灾害和水资源短缺造成的经济损失累计相当于我国国民经济每年新增 GDP 的 8%，加上化石能源与矿产工业占国民经济产值的比例很高，这表明能源、资源、环境和灾害问题对我国经济的持续增长有着至关重要的影响。推行循环经济发展模式是政府实现国家可持续发展战略、走新型工业化道路、保障国家生态安全、协调人与自然和谐发展的有效手柄。

传统经济运行方式遵循一种由“资源消耗——产品工业——污染排放”所构成的物质单向流动的开放式线性经济。在这种经济运行方式中，人类通过对资源的粗放型经营和一次性利用，实现经济的数量型增长，这种经济生产的高消耗、高产量、高废弃的现象直接造成了对自然环境的恶性破坏。按照生态规律利用自然资源和维持环境容量，重新调整经济运行方式，实现经济活动的生态型转化的循环经济，是人类社会经济发展历史的一次突破性转变，也是实施可持续发展战略的重要途径和有效方式。

经济发展过程中，环境支持能力的变化可以分为三个阶段，第一阶段是传统增长阶段：环境支持系统的压力持续加大；第二阶段是大力补救阶段：环境负荷开始减速增长，一直达到区域环境承载力的最大压力，其后逐步下降；第三阶段是环境质量逐渐变好。现在发达国家虽然已经到达第三阶段。这就是世界公认的“环境库茨涅兹曲线”（EKC)。循环经济在遵循自然生态系统的物质循环和能量流动规律下，重构经济系统，使其和谐地纳入自然生态系统的物质能量循环过程，以产品清洁生产、资源循环利用和废物高效回收为特征的生态经济发展形态。它要求按照自然生态系统的循环模式，将经济活动高效有序地组织成一个“资源利用——清洁生产——资源再生”接近封闭型物质能量循环的反馈式流程，保持经济生产的低消耗、高质量、低废弃，从而将经济活动对自然环境的影响破坏减少到最低程度。

循环经济的本质是运用生态学规律为指导，通过生态经济综合规划，设计社会经济活动，使不同企业之间形成共享资源和互换副产品的产业共生组合，使上游生产过程产生的废弃物成为下游生产过程的原材料，实现废物综合利用，达到产业之间资源的最优化配置，使区域的物质和能源在经济循环中得到永续利用，从而实现产品清洁生产和资源可持续利用的环境和谐型经济模式。它不同于传统经济的“高开采、低利用、高排放”，而是通过系统内部相互关联、彼此叠加的物质流转换和能量流循环，最大限度利用进入系统的物质和能量，达到“低开采、高利用、低排放”的可持续发展目标。

循环经济是系统性的产业变革，是从产品利润最大化的市场需求主宰向遵循生态可持续发展能力永续建设的根本转变。由循环经济的概念内涵可以归纳出四点基本的评价原则，简称“3R”原则：

——循环经济遵循“减量化”原则（Reduce），以资源投入最小化为目标。针对产业链的输入端——资源，通过产品清洁生产而非末端技术治理，最大限度地减少对不可再生资源的耗竭性开采与利用，以替代性的可再生资源为经济活动的投入主体，以期尽可能地减少进入生产、消费过程的物质流和能源流，对废弃物的产生排放实行总量控制。制造商（生产者）通过减少产品原料投入和优化制造工艺来节约资源和减少排放；消费群体（消费者）通过优先选购包装简易、循环耐用的产品，以减少废弃物的产生。从而提高资源物质循环的高效利用率和环境同化能力。

——循环经济遵循“资源化”原则（Reuse），以废物利用最大化为目标。针对产业链的中间环节，对消费群体（消费者）采取过程延续方法最大可能地增加产品使用方式和次数，有效延长产品和服务的时间强度；对制造商（生产者）采取产业群体间的精密分工和高效协作，使产品——废弃物的转化周期加大，以经济系统物质能量流的高效运转，实现资源产品的使用效率最大化。

——循环经济遵循“无害化”原则（Recycle），以污染排放最小化为目标。针对产业链的输出端——废弃物，提升绿色工业技术水平，通过对废弃物的多次回收再造，实现废物多级资源化和资源的闭合式良性循环，实现废弃物的最少排放。

循环经济遵循以生态经济系统的优化运行为目标，针对产业链的全过程，通过对产业结构的重组与转型，达到系统的整体合理。以人与自然和谐发展的理念和与环境友好的方式，利用自然资源和提升环境容量，实现经济体系向提供高质量产品和功能性服务的生态化方向转型，力求生态经济系统在环境与经济综合效益优化前提下的可持续发展。

3.2.3 中国开展循环经济的重要实践

近年来，我国在三个层次上逐渐展开循环经济的实践探索，并取得了显著成效：

在企业层面积极推行清洁生产。我国是国际上公认的清洁生产搞得最好的发展中国家。2002 年我国颁布了《清洁生产促进法》。目前，陕西、辽宁、江苏等省以及沈阳、太原等城市制订了地方清洁生产政策和法规。据统计，目前我国已在 20 多个省（区、市）的 20 多个行业、400 多家企业开展了清洁生产审计，建立了 20 个行业或地方的清洁生产中心，1 万多人次参加了不同类型的清洁生产培训班。有 5000 多家企业通过了 ISO 14000 环境管理体系认证，几百种产品获得了环境标志。

在工业集中区建立由共生企业群组成的生态工业园区。按照循环经济理念，在企业相对集中的地区或开发区，建立了10个生态工业园区。这些园区都是根据生态学的原理组织生产，使上游企业的“废料”成为下游企业的原材料，尽可能减少污染排放，争取做到“零排放”。如贵港国家生态工业园区是由蔗田、制糖、酒精、造纸和热电等企业与环境综合处置配套系统组成的工业循环经济示范区，通过副产品、能源和废弃物的相互交换，形成比较完整的闭合工业生态系统，达到园区资源的最佳配置和利用，并将环境污染减少到最低水平，同时大大提高制糖行业的经济效益，为制糖业的结构调整和结构性污染治理开辟了一条新路，取得了社会、经济、环境效益的统一。

在生态农业发展的全国高潮中，依照循环经济的理念，分别在北方、南方和西北、西南地区，探索了种植业、养殖业、加工业的生态工程实践，总结出了上百种生态农业模式，在农业的产前、产中、产后的不同阶段、提供出具有世界意义的循环经济生产方式。

在城市和省区开展循环经济试点工作。目前已有辽宁和贵阳等省市开始在区域层次上探索循环经济发展模式。辽宁省在老工业基地的产业结构调整中，全面融入循环经济的理念。通过制定和实施循环经济的法律和经济措施体系，建设一批循环型企业、生态工业园区、若干循环型城市和城市再生资源回收及再生产业体系，充分发挥当地的资源优势和技术优势，优化产业结构和产业布局，推动区域经济发展，创造更多的就业机会，促进经济、社会、环境的全面协调发展。

3.2.4 低碳经济的理论与实践

所谓低碳经济，是指在可持续发展理念指导下，通过技术创新、制度创新、产业转型、新能源开发等多种手段，尽可能地减少煤炭石油等高碳能源消耗，减少温室气体排放，达到经济社会发展与生态环境保护双赢的一种经济发展形态。

低碳经济最早见诸政府文件是在2003年的英国能源白皮书《我们能源的未来：创建低碳经济》。作为第一次工业革命的先驱和资源并不丰富的岛国，英国充分意识到了能源安全和气候变化的威胁，它正从自给自足的能源供应走向主要依靠进口的时代，按目前的消费模式，预计2020年英国80％的能源都必须进口。

低碳经济的特征是以减少温室气体排放为目标，构筑低能耗、低污染为基础的经济发展体系，包括低碳能源系统、低碳技术和低碳产业体系。低碳能源系统是指通过发展清洁能源，包括风能、太阳能、核能、地热能和生物质能等替代煤、石油等化石能源以减少二氧化碳排放。低碳技术包括清洁煤技术（IGCC）和二氧化碳捕捉及储存技术（CCS）等等。低碳产业体系包括火电减排、新能源汽车、节能建筑、工业节能与减排、循环经济、资源回收、环保设备、节能材料等等。

2010 年 8 月，我国发改委确定在 5 省 8 市开展低碳产业建设试点工作。试点省和试点城市将应对气候变化工作全面纳入本地区“十二五”规划，研究制定试点省和试点城市低碳发展规划。明确提出本地区控制温室气体排放的行动目标、重点任务和具体措施，降低碳排放强度，积极探索低碳绿色发展模式。试点地区发挥应对气候变化与节能环保、新能源发展、生态建设等方面的协同效应，积极探索有利于节能减排和低碳产业发展的体制机制，实行控制温室气体排放目标责任制，探索有效的政府引导和经济激励政策，研究运用市场机制推动控制温室气体排放目标的落实。密切跟踪低碳领域技术进步最新进展，积极推动技术引进消化吸收再创新或与国外的联合研发。

3.3　建立可持续的生态经济系统

人们常常把地球比喻为人类的母亲，地球不仅哺育着人类，而且使千百万生命体得以生存和繁衍，而生态系统则好比人类与其他所有生物的摇篮。这个摇篮既精密又脆弱，一方面它遵照严格的生态规律约束着生物社会，给各种生物以平等地生存和发展的机会；同时它又极其脆弱，一旦人类的经济活动超出了它的承受范围，它就会出现种种生态环境问题。

人类的经济活动不仅一直与自然生态环境相联系，而且人类经济活动与自然生态关系正随着社会的发展变得越来越密不可分。为了确保人与自然的和谐相处，协调发展，经济建设必须合乎生态学的基本规律，生态演替需要考虑经济学的要求。现行的经济发展模式是导致环境危机的根本原因。然而，现行的经济模式仍在发挥着主导作用，因此，人类不得不面临四大生态系统全面告急、物种大量消亡、温室效应加剧、地下水枯竭，面临土地沙化和海水入侵的两面夹击。为了扭转这种被动局面，必须推行生态革命，建立起可持续的生态经济系统。

3.3.1　当代社会生态与经济的矛盾

经济与生态的矛盾就在于二者的运行机制不同，经济系统的运行机制是“增长型”的，而生态系统的运行机制是“稳定型”的。因此在生态经济系统中，不断增长的经济系统对自然资源需求的无止境性，与相对稳定的生态系统对资源供给的局限性之间，就势所必然地构成一个贯穿始终的矛盾。人类在大力发展经济的时候，往往只满足于取得的成就，而忽视了对自然生态环境的影响。

从人与自然的关系来看，人类社会的发展迄今经历了三个相互联系的发展阶段，即：农业社会阶段、工业社会阶段、生态化社会阶段。在农业社会阶段，我们的祖先最初过着茹毛饮血和穴居的生活，其生存手段主要是采集和渔猎。随着生产力的不断发展，人们开始学会饲养动物和种植植物，并依次学会了制造和使用旧石器、新石器、青铜器、铁器等生产工具，有效地提高了农业劳动生产率，推动了农业革命，形成了日益成熟的农业文明，并持续了几千年之久。这一时期是人类社会发展过程中的低级阶段，人类处于蒙昧状态，人们对自然和社会的认识方式主要是以神秘的方式或者依赖直觉、顿悟，知识成果表现为自然和社会知识浑然一体的高度综合的混沌状态。由于这一时期人类认识自然的能力的局限，人类对自然界的干预十分微弱，在人与自然之间的关系上，主要表现为人对自然的依赖。

历史的脚步步入现代文明以来，由于蒸汽机的发明和广泛使用，资本主义的机器大生产取代了工场手工业的生产方式，从而推动了工业革命的深入发展，西方国家率先进入工业化社会。在工业社会阶段，社会生产力得到了空前的发展，人类干预自然的能力得到极大的提高。正如马克思和恩格斯在《共产党宣言》中所指出的那样，“资产阶级在它的不到一百年的阶级统治中所创造的生产力，比过去一切世代创造的全部生产力还要多，还要大。自然力的征服，机器的采用，化学在工业和农业中的应用，轮船的行驶，铁路的通行，电报的使用，河川的通航，仿佛用法术从地下呼唤出来的大量人口，——过去哪一个世纪能够料想到有这样的生产力潜伏在社会劳动里呢?”资本主义的生产方式创造了灿烂的工业文明，这是人类社会发展中的一次质的飞跃，工业社会创造了比农业社会更高的物质文明和精神文明，对人类社会的发展做出了巨大的贡献。

但是，正当人们陶醉于工业文明取得的辉煌成就时，工业社会本身逐渐暴露的弊端给人类的前景投下黑暗的阴影。这一时期，虽然在经济增长方面取得了巨大的成功，但是，在另一方面，人们对生态环境的破坏也是史无前例的。在人与自然之间的关系方面，由于人类的自负和狂妄，人类过高估计了自身掌握和利用自然界生态资源的能力，人类企图主宰自然界、征用自然界，从而导致了很多次的生态灾难，人们为此付出了沉重的代价，经济的发展已经不可持续，生态与经济的矛盾已成为当代社会发展中的一对基本矛盾。

为此，人类必须重新审察现行的经济增长模式，重新定位人与自然之间的关系，与自然界重新缔结契约，寻找一种人类社会经济能够持续发展的经济增长方式——生态经济，其基本特征是采用新的具有更高生产力水平的“绿色技术”，这种技术注重协调人与自然之间的关系，它是当代新的生产力的代表，具有广阔的发展前景，并推动着人类社会从20世纪的工业社会逐渐转向21世纪的生态化社会。生态经济的基本要求是：首先，在发展经济的过程中，既要遵循自然界的生态平衡规律，又要遵循社会经济的客观规律；其次，在发展经济过程中，生态平衡的自然规律与社会经济的客观规律的作用和影响不是互相孤立的，而是互为条件、相互制约的，它们之间存在着共存的和相互协调的关系；再次，在发展经济过程中，要遵循“经济与生态协调发展”这一生态经济规律，它是指导人们发展经济和保护生态环境的一个基本规律；最后，在发展经济过程中，其关注的是经济发展的可持续性。这个阶段称为生态化社会阶段。德国学者赫尔曼·舍尔称其为阳光经济。

专栏3.2 生物多样性的消失

生物多样性是指一定空间范围内多种多样活有机体（动物、植物、微生物）有规律地结合在一起的总称。地球上动物、植物和微生物彼此之间相互作用以及与其所生存的自然环境间的相互作用，形成了地球丰富的生物多样性。这种多样性是生命保障最重要的组成部分，维持着自然生态系统的平衡，是人类生存和实现可持续发展必不可少的基础。

地球上究竟存在多少物种？我们目前仍不知晓，可能达1/10都尚未掌握。在地球上大约1000万～3000万的物种中，只有140万已经被命名或被简单地描述过。对多数研究较深的生物类群来说，物种的丰富程度从极地到赤道呈增加趋势。密闭的热带森林几乎包含了世界物种的一半以上，这儿充满着各种生命：林木、灌木、攀缘植物、藤本植物、寄生植物、地衣、苔藓、水藻、真菌、蕨类等。在秘鲁1hm^{2}的森林中，就发现了283种树木和17种藤本植物，在一棵树上就有43种蚂蚁，几乎同整个英国的蚂蚁种类差不多。在厄瓜多尔0.1hm^{2}森林中，就有365种花科植物，比英国全部植物种类还多20%以上。在巴西瑙斯地区1hm^{2}的森林中，发现了179种直径15cm或15cm以上的树木……以上几个实例可以说明滥用有限的自然资源是一种自我毁灭。

生物资源提供了地球生命的基础，包括人类生存的基础。这些资源的社会、伦理、文化和经济价值，从有记载的历史的最早时期起，就已经在宗教、艺术和文学方面得到认识。人类所有的食物都来自野生物种的驯化，世界上许多在经济上最具有重要经济价值的物种分布在物种多样性并不特别丰富的地区，人类已利用了大约5000种植物作为粮食作物，其中不到20种提供了世界绝大部分的粮食。植物和动物是主要的工业原料，现存和早期灭绝的物种支持着工业的过程。大多数医药起先都来自野外，在中国，对5000多种药用植物已经有记载，世界上很多药物都含有从植物、动物或微生物中提取的或者利用天然化合物合成的有效成分。从全球看，物种丰富的生态系统无疑将为整个人类社会的未来提供更多的产品。

物种灭绝是一个自然进化的过程。在2.2亿年前的晚三叠纪和6500万年前的晚白垩纪，地球均有过大规模的物种灭绝。人类对物种灭绝速度的影响可追溯到几千年以前，但自20世纪开始，人类的影响明显增加，目前，还没有准确的估计，到底有多少物种灭绝了，但毫无疑问，当今物种灭绝速度要比200年前快多了。已知鸟类和哺乳类灭绝速度在1600～1950年间增加了4倍。到1950年，鸟类和哺乳类灭绝速度每100年分别上升1.5%和1.0%。1600年以来，大约有113种鸟类和83种哺乳动物已经消失。在1850～1950年间，鸟类和哺乳类平均每年灭绝一种。现在速度更快了。低等动物的灭绝速度更为惊人，由于热带雨林的破坏，每年约有近5万种无脊椎动物受到威胁，而趋于灭绝。高等植物每年至少消失一种。种类遗传变种和整个自然生态系统的消失速度比物种灭绝速度更快。全球热带森林，在20世纪80年代初，每年被毁1140万公顷，80年代末，每年毁林上升到1700～2000万公顷，90年代已超过2000万公顷。拥有全球50%的物种的栖息地热带雨林面积比原有面积减少一半。现在大部分国家的森林都成片断化，被退化的荒地所包围，森林维持生物多样性和重要生态过程的能力大为降低。生态系统多样性受到很大破坏，如果毁林继续下去，直到大部分森林消失，那么66%的植物种和69%的鸟类要消失。目前的趋势继续下去，到2020年，非洲热带森林物种的损失可达6%～14%，亚洲达7%～17%，拉丁美洲4%～9%。如果毁林速度加倍，物种消失将增加2～2.5倍。这是用种面曲线法预测出来的，是比较科学的。目前人们已知的濒危种和渐危种仅动物和高等植物就有近万种。这些种已列在特殊保护的名单之中。

由于食物链的作用，地球上每消失一种植物，往往有10～30种依附于这种植物的动物和微生物也随之消失。每一物种的丧失减少了自然和人类适应变化条件的选择余地。生物多样性的减少，必将恶化人类生存环境，限制人类生存发展机会的选择，甚至严重威胁人类的生存与发展。保护和拯救生物多样性是实现可持续发展的迫切需要。

中国已于1992年签署加入了《生物多样性公约》，1995年，举行了该公约第一次缔约方会议。

资料来源：麦克尼利等，保护世界的生物的多样性，中国环境科学出版社，1991。

3.3.2 生态经济的理论和原则

实现经济与生态相协调的发展，要求在生态经济实践中，应当确立以下基本理论和原则，以指导经济发展朝着可持续发展的目标前进。

（1）人与自然和谐共存的理论和原则

人与自然的关系问题这一最古老的哲学命题，是生态经济理论中根本层次的问题。正确处理人与自然的关系，实现经济与生态的协调发展，是生态经济学理论中一个具有根本性的理论。

人类的历史可以说是一部人与自然之间的关系史。广义上说，人类属于自然界的一个组成部分，并从自然界演化而来。人类从自然界诞生以来，迄今大致经历了三个发展阶段：

第一阶段是蒙昧阶段。在这一阶段中，人与自然的关系表现为人对自然的依附，人们尚对自然界和社会现象的知识知之甚少，生产力水平低下，对自然界的干预和影响十分有限，人类对自然界存在着很大的依赖性，成为自然界的“附属”，人对自然的基本态度和做法主要是“适应”，人与自然的关系体现为低层次的协调。

第二阶段是对立的阶段。工业文明出现以来，由于近代自然科学知识的进步和社会生产力的极大提高，人类干预和影响自然界的能力空前地增强。人类摆脱了以往对自然界的依赖，从自然界中获得了独立，人类从自然界的“附属”物变成了自然界的“主人”。但是，由于人类夸大了其对自然界取得的胜利，过高地估价了自身取得的有限的知识和拥有的能力，误以为人可以主宰自然、征服自然，可以凌驾于自然界之上，发号施令、为所欲为，施展自己的淫威。这一阶段人与自然的关系主要表现为“对立”、“分离”，人对自然的基本态度和做法是“征服”、“索取”、“掠夺”，从而导致大规模的公害事件和生态灾难，人类也因此自食其果，遭到了自然界的惩罚。

第三阶段是和谐共存阶段。严格地说，这个阶段尚未成为现实，只是人类努力的目标。由于工业革命以来人与自然之间的紧张、对立、分离的关系，使世界文明处于危险的边缘，人类赖以存在的生态基础正在消失，人类已经饱尝恶果，不得不重新审视人与自然之间的关系，并开始认识到，经济的发展不仅必须遵循经济规律，而且还必须遵循生态规律，以地球生物圈的承载能力为前提，必须坚持可持续的经济发展模式，坚持走生态与经济相协调的发展道路。这一阶段人与自然之间的关系是“和谐”，人对自然的基本态度和做法是“协调”。这种人与自然之间和谐关系的建立，标志着生态化社会的到来。这一时代要求必须改变人对自然的掠夺性的利用方式，掌握合理利用自然资源的度，并实现从生化资源向可再生资源利用的转变，提高人们的生态经济意识，改变人们不合理的生产方式和消费方式。

（2）生态基础制约与经济主导的理论和原则

生态基础制约与经济主导的理论和原则，要求辩证地对待经济与生态两者之间的关系。一方面，人类在发展经济时，要切实保护发展经济的生态基础，不能以牺牲生态环境为代价换取短期的经济增长。另一方面，发展又是当今世界的重要课题，尤其是发展中国家，发展更是当务之急。所以，在保护好生态基础的前提下，应当注重发展经济这一主导原则。因为，贫困本身也构成对生态环境的极大威胁，一些生态环境问题只有在经济发展的情况下，才能得到更好的、有效的解决。

生态经济系统理论认为，人是生态系统的组成要素，同时也是生态经济系统的组成要素。但是，人在生态系统中和在生态经济系统中的地位和作用是不同的。在生态系统中，人与其他生物没有什么区别，都是生态系统的一个组成部分和“食物链”循环转换环节的一个物质能量承担者。但是，在生态经济系统中，人就是整个系统的主宰。人为了自身的发展来运行生态经济系统，人也从生态经济系统中取得生态经济效益来为自身谋求利益。由此可见，从生态与经济之间的关系来看，坚持生态基础制约与经济主导的理论和原则，是符合客观规律的。

当然，生态基础制约与经济发展主导的理论和原则是对立统一的关系。不可否认的是，生态与经济之间的关系，有矛盾的一面。这一矛盾主要集中在当代经济发展对生态系统资源索取的无限性与生态系统资源供给的有限性之间的对立。片面强调保护经济发展的生态基础，会影响短期的、眼前的经济增长速度；片面强调经济发展的主导地位，会削弱甚至严重损害人类赖以生存的生态基础。但是，生态与经济发展的关系又有统一的一面。生态是经济发展的基础，保护生态系统就是保护生产力，这符合经济发展本身的要求；反之，破坏生态环境也就是破坏生产力。这是生态基础制约与经济发展主导原则的统一的、一致的方面。

(3) 生态安全性与经济有效性兼容的理论和原则

生态安全性是指人们在发展经济的过程中，应当保护生态系统及其中的自然资源，使其能够继续存在和保持再生的能力。经济有效性是指人们在积极发展经济的过程中，需要最有效地利用自然资源，使其满足人们的物质需求。

在经济发展过程中，重视生态安全是非常必要的，因为，任何生态系统都有自己的结构和功能，其结构是功能的载体。生态系统在其各种生物要素和环境要素所组成的生态系统结构得以保持的条件下，其生态功能也可以得到保持，生态系统的运行就可以保持平衡，其作为经济发展基础的作用也能得到有效的发挥。相反，一旦生态系统的结构由于某种原因遭到破坏，则其系统的功能就不能保持，生态系统的运行就不能维持平衡，其作为经济发展基础的作用也就不能有效地发挥，甚至会引起严重的生态问题。因此，在处理生态与经济之间的关系问题时，应当把生态安全性与经济有效性结合起来，两者在实现生态与经济协调发展的目标下是兼容的。

具体地说，生态安全性原则要求首先要保护好生态系统的存在，这是保障经济发展的基础，也是经济有效性原则的前提。其次，生态安全性原则意味着保护生产力的发展。在生态经济系统中，自然在生产力中的地位和作用是十分重要的，因此，重视生态安全性，保护生态系统，实际上也就是保护了生产力，这也是生态安全性的一个基本内涵。

经济有效性原则要求首先是在发展经济、利用资源方面，总的要求是“有效”，而非“最大”。其次，经济有效性原则在利用自然资源方面，提倡节约，反对滥用；提倡集约经营，反对粗放经营；提倡利用可再生资源，反对消耗生化资源。德国学者厄恩斯特·冯·魏茨察克等人在《四倍跃进——一半的资源消耗创造双倍的财富》一书中对此有过精辟的论述，他们认为，“效率与废物的斗争可以减少污染，而废物只不过是放错地方的资源”。他们指出了提高资源效率的七个充分理由，即：生活得更好，污染和消耗更少，赚钱，利用市场和支持商业，稀缺资金的成倍利用，增强安全性，更加公正和更多就业。正如这本书的名字那样，他们乐观地认为，可以目前资源消耗量的一半创造相当于目前财富数量两倍的财富。如果真的能够实施他们提出的效率变革，那么将无疑大大促进对地球生态资源的保护。而且，由于效率可使相同数量的资源满足更多的需要，从而在很大程度上降低因资源竞争导致的国际冲突，特别是减少因石油、铀资源、森林和水方面的资源所引发的国际冲突，原因在于，你所拥有的正是别人需要的。比如，某些国家的军事开支直接用于其资源依赖方面，美国军事预算的1/6～1/4指定用于为获取或保障外国资源通道的军队。赫尔曼·舍尔在《阳光经济——生态的现代战略》一书中也指出，“地缘战略意义上的资源利益，在东西方的冲突中，其实也是一个极为重要的因素，甚至具有决定性的意义。‘战略性物资’这一概念具有双重意义：如果一个国家的地下埋藏着某种重要的原料，那么这个国家就会被纳入美国外交政策的战略性利益地区。美国在高加索和地中海地区的政治利益就是基于同样的理由。”从这个意义上说，经济有效性原则实际上也包含了在经济发展中对生态的保护。

由此可见，生态安全性与经济有效性原则也是矛盾的统一体，两者之间存在着根本一致性，在具体实践中，应把握好两者之间的有机结合。

（4）生态效益、经济效益、社会效益统一的理论和原则

生态效益、经济效益、社会效益都是客观存在的，并且三者之间是相互联系的整体。三个效益的统一来自于生态经济系统内部结构的统一性。由于人是

社会关系的存在物，在其进行经济活动的基础上，产生了很多社会活动。在人们形成许多经济关系的同时，也形成了许多社会关系。因此，经济系统实际上也包含了社会关系，形成了社会经济系统，从而与生态系统相并列。有时，人们为了研究的方便，便将经济社会系统分为经济系统和社会系统，与生态系统相并列。但是，经济系统、社会系统和生态系统都是统一的生态经济系统的有机组成部分，三者之间是相互联系、不可分割的，因此，这决定着生态效益、经济效益、社会效益三者之间也是密不可分的，这三个效益之间也就必然结合成为统一的效益整体，从而发挥其共同的作用。

生态效益、经济效益、社会效益的统一表现在现代经济发展的各个方面，它是生态经济发展的客观要求。生态经济的一个特点就是生态与经济的协调发展。为此，在经济发展过程中，要求人们在认识和利用自然生产力的同时，也要认识和利用社会生产力，使它们成为共同推动生态经济发展的综合动力。生态效益、经济效益、社会效益的统一，还要求正确处理经济发展过程中的局部利益和全局利益、目前利益和长远利益之间的矛盾，克服“本位主义”和“短期行为”，坚持可持续的经济发展模式，把经济的发展置于生态与经济相协调的坚实基础上。

实现经济与生态相协调的发展，要求在生态经济实践中，以上述四个生态经济的理论和原则为指导，建立可持续的生态经济城市，发展生态农业、生态林业、生态畜牧业、生态渔业，发展可持续的海洋经济，以及建设山区的生态经济，搞好森林公园建设和生态旅游业，改变不可持续的消费模式，提倡生态化的消费。这不仅需要从政治、财政、税收、文化、教育、伦理等诸多方面协同努力；而且，必须依靠相应的生态化的法律制度来保障其有效实施。此外，开展国际间的合作也是不可或缺的，因为，全球性的问题只有通过全球性的广泛合作才能有望得到妥善的解决。

3.3.3 从生化经济到阳光经济的转变

（1）从生化经济到阳光经济转变的必要性

① 从能源消耗来看，人类已经面临资源危机。

人类社会进入工业社会以来，由于用于生产、出售、消费的物质材料所借助的能源绝大部分都是生化资源：石油、天然气和煤炭资源，以及作为核能材料的铀，因此，其前景注定是备受局限的。主要原因有两个：其一，生化资源终究会枯竭；其二，在生化资源转换的过程中，有限的、但事实上也是必不可少的生命要素——水、土壤、空气和地球大气层——必然会遭到过度使用、损耗以至破坏。从能源消耗的种类来看，第二个原因事实上早已经成为一个危险的火种。资料显示，世界能源消耗的33%来自燃烧石油，27%来自燃烧煤炭，

21%来自燃烧天然气，5%来自燃烧核物质，10%来自燃烧各种生物物质。世界能源总消耗中，可再生的水能仅占据了 2%～3%。这一消耗迄今为止只有一小部分考虑到生物物质相应的再生。石油、天然气和煤炭资源，一旦燃烧，就无法再利用。而且，石油、天然气和煤炭等几种战略性资源已经到了濒临枯竭的状态，当今世界已面临着资源危机。因此，现代工业文明对资源的掠夺以及对生态环境的破坏正在把世界经济和人类推向深渊。

因此，世界文明只有不遗余力，立即转向采用可再生的、同时是自然可以负担的资源，摆脱对生化资源的依赖，才可以从已经存在的生化资源陷阱中逃脱出来。

日趋枯竭的资源与世界范围内不断增长的需求孕育着全球性冲突。这种资源危机可以诱发地区间、国际间的冲突，甚至孕育着真正意义上的世界大战的危险。赫尔曼·舍尔认为，20 世纪的两次世界大战，第一次是在欧洲，第二次主要局限于欧洲和太平洋地区。而 1990～1991 年的海湾战争和 1994～1996 年的车臣战争，揭开了日趋尖锐化的资源战争的序幕，近年的中东和北非的冲突也是资源争夺的体现。远在资源枯竭之前，洲际经济区域之间及其内部因为传统资源趋向枯竭而引发的经济冲突开始不断升级，而且这种冲突是无法避免的，因为两条走势相反的曲线已经越来越近：一方面是对生化能源和战略资源的经济支配能力越来越低；另一方面是国民经济与人口的增长导致需求的不断增长。一旦两条曲线相交，世界史上前所未有的、更具威胁力的冲突在所难免。他指出，在东西方的冲突中，地缘战略意义上的资源利益是一个极为重要的因素，甚至具有决定意义。如果一个国家的地下埋藏着某种重要的原料，那么这个国家就会被纳入美国外交政策的战略性利益地区。北约东扩之后向亚洲的拓展，目标也是这些国家的资源。如高加索和泛高加索地区的石油和天然气开采国，如今已经成为所谓的“北约合作国”，这些国家是：阿塞拜疆、哈萨克斯坦、土库曼斯坦、吉尔吉斯斯坦、乌兹别克斯坦和塔吉克斯坦。

由此可见，面向阳光型能源和原料基础的转型，对于确保全球社会的未来安全将具有划时代的重要意义，其深度的、广度的和长远的影响可以与工业革命相匹敌。

② 从经济全球化看，竞争权与环境权的对立，加剧了当今的生态危机。

尽管 1992 年里约热内卢世界环境与发展大会实现了环境政策的全球化，通过了《里约环境与发展宣言》及《21 条备忘录》，“全球化”这个概念首先被用于生态预防措施。但是与此同时，这一术语也被视为国际间企业竞争的代名词。1994 年签署的关贸总协定奠定了全球化的基本规则，它将进一步确保资本、货物运输和服务业的自由流动。关贸总协定有助于世界经济的发展，但是其扩大农产品贸易的意图，促使在农业经济中使用有损自然的种植方法，并拓展了农业康采恩的活动空间。关贸总协定提高了世界经济的总产量，但它保持了对不可再生资源的持续依赖，同时没有对高度垄断的资源康采恩的活动空间进行限制。因此，在某种意义上可以说，关贸总协定加速了生态环境破坏的进程。尽管世界贸易协议这个被很多人视为世界经济秩序的圣经，被看作是一种世界性的宪章，高于其他的一切协议。但是，有的学者对此颇有微词，认为世界贸易组织超出了委托权限，自作主张地将世界市场的自由规则，置于社会和环境协议之上。赫尔曼·舍尔甚至提出，“全球化的市场原则，在实施过程中将会导致道德原则的完全扭曲，和忽视生态生存基础的全球经济结构。因此这是一个极端的经济理论的教条。一个有承受能力的世界市场秩序，必须取消所有有关资源的世界市场规则的有效性，使它只限于技术产品的范畴。”爱蒂斯·布朗·韦伊丝于 1992 年提出了更为激进的建议，她认为多年来 GATT/WTO 的环境与贸易委员会一直无所作为，以及 GATT 条款在贸易与环境保护之间严重的不平衡（重贸易、轻环保），她主张建立一套全新的普遍接受的法律规范来处理自由贸易和环境保护问题。

目前，全球化的两种维度处于一种不可调和的对立状态：生态维度和经济竞争维度。对全球的竞争被宣布为至高无上，相对于气候或是生物多样性的保护，经济竞争享有政治优先权；同样，关贸总协定优先于《21 条备忘录》，竞争权优先于环境权，眼前的利益优先于未来的利益。这一矛盾的解决，只有通过采用阳光型的资源基础才有可能。因此，只有通过利用阳光型能源，有目的地疏离生化能源消耗，经济全球化才能从生态角度被承载；只有通过经济结构和文化调整，才能遏制生化世界经济的破坏力，带来一个拥有未来的、多样性的、符合人类公正的发展动力。

(2) 从生化经济到阳光经济的转变

① 对传统经济学理论的检视。

工业革命以来对世界经济发展的分析的最大流弊在于机械论的世界观和方法论。这种分析实证主义的思维方式对分门别类地研究自然现象固然起过积极的作用，但是，由于其割裂了自然界事物之间、社会现象之间以及它们相互之间的内在联系，往往是只见树木、不见森林，对自然界和社会规律的认识存在着片面性、孤立性，因而也是不科学的。这种分析实证主义研究方法始于弗兰西斯·培根，经艾萨克·牛顿以及笛卡儿等人的继承和发扬光大，形成了线性思维，生态循环并未被纳入思考的范畴。培根等思想家的这种自然科学领域的分析实证主义思维方式后来被经济自由主义和自由市场理论的最伟大思想家亚当·斯密及其他经济学家所借鉴。其缺陷在于他们在探讨经济规律时没有把生态因素纳入其理论的视野。

但是，早在 18 世纪时，曾经产生广泛影响的重农论者就明确提出，自然经济必须以持久的资源基础作为前提——同时区域经济结构应当以农业为基础。这一思想流派的创始人法国人魁奈（Quesnay，1694～1774）在其名著《经济表》中指出，人们可以从自然中拿走那些他们还会归还的东西。其思想的核心是，经济过程与自然是一体的。他认为，农业经济是新财富的唯一源泉，因为在那里物质财富的确是增多而非减少了。按照这种观点，如果产量的增多是以消耗资源为代价而获得的，那么经济增长事实上是“负增长”。只有当产品是利用阳光型物质原料，也就是利用附加的新物质来获得的，才可以说是真正的增长。重农主义者所提出的指导原则，也就是今天所说的可持续发展的经济模式。遗憾的是，重农主义的思想早已被人们遗忘了。社会发展最终背弃了重农主义者，而选择了工业革命线性经济加速进程的理论。

相反，在工业文明时代，资源的毁灭被当作经济的增长予以歌颂，其实这是概念上的颠倒。这事实上是一种经济的毁灭，而决非经济的繁荣。它不是走向亚当·斯密所说的“国家的富裕”，而是掉进埃尔玛·阿尔特瓦特（Elmar Altvater）的“国家的贫困”之中。因为，在全球范围内孕育的资源冲突和生态环境灾害，已使世界正走向大规模衰退的边缘。人类文明已受到巨大的威胁，甚至世界经济自身也将沦为牺牲品。生化资源的冲突很可能导致世界经济的大幅度倒退，直至全球社会成为自由落体。

② 通过利用阳光型资源，实现经济与生态相协调的发展。

为了避免陷入现代工业文明将人类导入的深渊，必须摒弃依赖生化资源的不可持续的经济增长方式，选择可持续的经济发展模式，转向以可再生资源为基础的生态经济或阳光经济形态，这种经济模式强调生态与经济之间的联系，认为生态和经济是一个紧密联系、不可分割的整体，经济的发展要受到生态环境的制约，人们在发展经济时首先必须遵循生态规律，同时也遵循经济规律，实现经济与生态相协调的发展。

生态经济是一种不毁灭地球资源的经济，是一种没有断层的可持续的经济，是一种可以休养生息的、以农业为主的经济，但它并不局限于食品生产，同时也包括本地的原料与能源。利用阳光型能源、原料和相应的利用与开发技术，以及全球网络化和地方可支配的信息技术，以分散的经济发展取代今天以集中为目标的经济发展，是完全可以想象的。对于世界经济来说，意味着在劳动分工基础上的一次新的基准调整，其中涵盖了地理条件的多样性和不同种类自然经济生产的可能性。正如赫尔曼·舍尔所指出的那样：在阳光型能源和原料的基础上，实现总体经济发展对于生态循环、巩固的区域经济结构、文化模式和民主机构的必不可少的回馈，使人类的社会存在得以保障再次成为可能。

③ 实施从政治到经济的阳光战略。

人类所面临的危机是，地球的不可再生资源无法满足人们的全部需求。人们将不得不为争夺生存空间而斗争，从而导致人类面临种族灭绝的危险。同时面对的还有生态灭绝的危险。现行的人类能源供给方式是“社会机体的血癌”，治愈其的根本的、有效的途径是用可再生资源代替不可再生的生化资源。而且，可再生的能源可以满足人类的全部能源需求。因此，我们的出路不在于私人经济、国有经济，或是用市场经济取代计划经济，而是确保在资源利用方面自然规律高于一切的原则。

当认真考察生化能源的总体能源链条时，就会发现其所谓的优越的节约性实际上是虚假的。相反，可再生能源因其较短的利用链条，原则上具有更大的经济性。因此，在政治上，必须取消常规能源的众多公开的特权，在阳光型能源技术发展潜力和发展战略方面，有目的地突出其节约的优越性。阳光型资源比常规能源具有更高的潜在效率，更便于用户使用，利用起来也更为经济。在制定经济政策过程中，必须把生态规律置于市场规律之上，并使阳光型资源在利用与市场化方面应当优先于其他同等价值的经济产品的权利。只有发展阳光经济，才能满足全人类的物质需要，才能在未来真正承载人权平等的普遍理念，才能回复到世界文化多样性的图景。依靠“市场看不见的手”所无法实现的事业，将通过阳光这只看得见的手得以实现。

第 4 章

能源与社会进步

4.1 能源是社会文明程度的标志之一

能源是人类赖以生存和社会进步的重要物质基础。能源的每次重大突破，都会引起生产和社会的重大变革。钻木取火，使熟食和取暖成为人类生活的必需。后来，人类直接把埋藏在地下的煤、石油作为能源，导致了产业革命。随着科学技术的进步，在初级能源的基础上，电力作为“二次能源”的出现，又进一步变革了人类文明。文明，一般是指人类所创造的物质财富和精神财富之和，它是人类活动的积极成果，是社会及其文化发展到一定阶段的产物。人类文明的历史是人对自然与社会关系的历史。人类文明的每一步，都和能源的利用息息相关。

人类进化发展的过程，其实就是一部不断向自然界索取能源的历史，能源成为了社会文明程度的标志之一。换言之，人类破坏其赖以生存的自然环境的历史同人类文明史一样古老，从远古时代的猎人开始，“人类就从事推翻自然界的平衡以利于自己”的活动。人类大致经历了以下几个阶段的文明：

(1) 原始采猎文明

在原始社会，人与自然曾保持了一种原始的和谐关系。当时，人类以采集狩猎为生，社会生产力水平十分低下。由于天然食物供给的有限性和不均衡性，人类为了生存，聚居在自然条件优越、天然食物丰富的区域，形成了利用原始技术获取基本生活资料的生产方式、仅能维持个体延续和繁衍的低水平物质消费方式，以及以家庭与部落为主的社会组织形式，在这个时期，人口数量与平均寿命都很低，只能被动地适应自然，人与自然处于原始和和谐状态。

(2) 柴薪·马车·农业文明

柴薪是人类第一代主体能源。人类发现用火之后，首先用树枝、杂草等作为燃料，用于燃烧煮食和取暖，用草饲养牲畜，靠人力、畜力并利用一些简单机械作动力，从事手工生产和交通运输活动。从远古时代直至中世纪，在马车的低吟声中，人类渡过了悠长的农业文明时代。

在农业文明时代，人与自然关系在整体保持和谐的同时出现了阶段性和区域性不和谐。农业社会的生产力水平较原始社会有很大的提高，产生了以耕种与驯养技术为主的农业生产方式，形成了基本自给自足的生活方式，以及以大家庭和村落为主的社会组织形式。随着人口数量的增加，活动范围的不断扩展，人类在利用和改造自然的同时，出现了过度开垦与砍伐现象，特别是为了争夺水土资源而频繁发动战争，使得人与自然的关系出现了局部性和阶段性紧张。但从总体上看，由于这个时期，人类开发利用自然的能力仍旧有限，人与自然的关系仍能基本保持相对和谐。

(3) 煤炭·蒸汽机·工业文明

18 世纪西欧产业革命开创的工业文明，逐步扩大了煤炭的利用。蒸汽机的发明，使煤炭一跃成为第二代主体能源。以煤炭为燃料的蒸汽机的应用，使纺织、冶金、采矿、机械加工等工业获得迅速发展。同时，蒸汽机车、轮船的出现，使交通运输业得到巨大进步。19 世纪以来，电磁感应现象的发现，使得以蒸汽轮机为动力的发电机出现，煤炭作为一次能源被转换成更加便于输送和利用的二次能源——电能。

在工业社会，人与自然的关系发展到了紧张状态。工业社会创造了农业社会无法比拟的社会生产力。人类占用自然资源的能力大大提高。人类活动不再局限于地球表层，已拓展到地球深部及外层空间。科学技术与工业发展创造的新知识、新技术和新产品，极大地降低了人口死亡率，延长了人的寿命，促使世界人口急剧膨胀。工业社会创造了新的生活方式和消费模式，人类已不再满足基本的生存需求，而是不断追求更为丰富的物质与精神享受。但是，工业社会的发展曾严重依赖于资源（特别是不可再生资源和化石能源）的大规模消耗，造成污染物的大量排放，导致自然资源的急剧消耗和生态环境的日益恶化，人与自然的关系变得很不和谐。

(4) 石油·内燃机·现代文明

公元前 250 年，中国人首先发现石油是一种可燃的液体。1854 年，美国宾夕法尼亚州打出了世界上第一口油井，石油工业由此发端。19 世纪末，人们发明了以汽油和柴油为燃料的奥托内燃机和狄塞尔内燃机。1908 年，福特研制成功了世界上第一辆汽车。此后，汽车、飞机、柴油机轮船、内燃机车、石油发电等，将人类飞速推进到现代文明时代。到 20 世纪 60 年代，全球石油的消费量超过煤炭，成为第三代主体能源。

(5) 绿色能源·能源革命·未来文明

随着全球人口的急剧膨胀，人类的能源消费大幅度增长。众所周知，煤炭、石油均为矿物能源，是古生物在地下历经数亿年沉积变迁而形成的，其储量极为有限，而且不可再生。按照现在的能源消耗，世界上的石油、天然气和煤等生物化石能源将在几十年至200年内逐渐耗尽。另外，大量矿物能源的燃烧，是造成大气污染、"酸雨"和"温室效应"等的罪魁祸首。

20世纪60年代以来，"能源革命"的呼声日渐高涨。"能源革命"的目的，是以绿色能源，包括新能源（如核能）和可再生能源（包括水电能、生物质能、太阳能、风能、地热能、海洋能和氢能等）逐步代替矿物能源。绿色能源将有望为21世纪人类社会的发展提供持久的动力。

现在，面对21世纪人类的发展目标，是追求和迈向以经济、社会、自然协调发展的生态文明，也称绿色文明。绿色文明，是一种新型的社会文明，是人类可持续发展必然选择的文明形态。也是一种人文精神，体现着时代精神与文化。它既反对人类中心主义，又反对自然中心主义，而是以人类社会与自然界相互作用，保持动态平衡为中心，强调人与自然的整体、和谐的双赢式发展。它是继黄色文明（农业文明）、黑色文明（工业文明）之后，人类对未来社会的新追求。21世纪是呼唤绿色文明的世纪。绿色文明包括绿色生产、生活、工作和消费方式，其本质是一种社会需求。这种需求是全面的，不是单一的。它一方面是要在自然生态系统中获得物质和能量；另一方面是要满足人类持久的自身的生理、生活和精神消费的生态需求与文化需求。

4.2 中国文明生活用能与国际水平的比较

4.2.1 先期工业化国家的能源消费

工业化是现代工业部门取代传统农业成为国民经济主体的过程。以英、法、德、美、日等国为代表的先期工业化国家工业化历程表明，尽管工业化时段跨越200多年，各时期的科学技术条件和社会发展环境差异很大，但以能源的大量消耗为支撑的工业化经济快速发展的基本规律没有改变。

工业化促进了经济的快速发展，经济的快速发展离不开能源的大量消耗。工业化过程人类创造的巨大财富，是自然资源通过人类劳动的转移。20世纪100年中世界GDP增长了30多倍，煤从7.53亿吨增长到45.5亿吨，增长了5倍；石油则从2043万吨增长到35亿吨，增长了175倍。这100年中美国GDP增长倍数同世界相当，其间消费的一次能源（包括油气、煤、水电、核能）累计超过900亿吨油当量，其中1960年到2000年石油累计消费就达300

亿吨以上。就连后起的日本，20 世纪后 40 年来一次能源累计消费量也高达 133 亿吨油当量，其中石油超过 80 亿吨。

表 4.1～表 4.4 列出了 17 个主要先期工业化国家 2000 年的石油、天然气、煤炭等的储量、产量和消费量、人均占有比较。

表 4.1　主要发达国家 2000 年一次能源产销状况　　单位：油当量

国　家	产量			消费量			自给率/%
	产量/百万吨	人均/t	占世界人均/%	总量/百万吨	人均/t	占世界人均/%	
澳大利亚	220.5	11.68	813.7	105.9	5.61	402	208
奥地利	3.7	0.45	31.4	25.3	3.08	221	15
比利时	12.9	1.27	88.5	66.7	6.56	470	19
加拿大	364.0	11.69	814.5	231.8	7.44	533	157
丹麦	25.1	4.74	330.5	18.8	3.55	254	134
芬兰	7.5	1.45	101.0	21.4	4.13	296	35
法国	115.8	1.96	136.6	245.6	4.16	298	47
德国	117.5	1.43	99.6	329.4	4.01	287	36
希腊	8.6	0.81	56.3	29.8	2.80	200	29
意大利	23.5	0.41	28.6	165.9	2.90	207	14
日本	92.5	0.73	50.9	511.4	4.04	289	18
荷兰	52.6	3.33	232.2	75.2	4.76	341	70
挪威	216.9	48.58	3385.9	25.8	5.78	414	841
西班牙	30.0	0.76	52.8	126.0	3.18	228	24
瑞典	21.4	2.40	167.4	39.4	4.42	317	54
英国	267.7	4.55	317.1	226.1	3.84	275	118
美国	1652.2	5.94	413.7	2278.4	8.19	586	73
17 国加和	3232.4	3.17	220.7	4522.9	5.52	395	71
世界	8257.4	1.43	100.0	8420.2	1.40	100	

注：一次能源包括：石油、天然气、煤炭、水电、核能。单位：折合标准油当量。

表 4.2　先期工业化国家 2000 年石油产量和消费量

国　家	产量			消费量			自给率/%
	产量/百万吨	人均/t	占世界人均/%	总量/百万吨	人均/t	占世界人均/%	
澳大利亚	35.5	1.88	315.7	38.7	2.05	353.4	91.7
奥地利				11.5	1.40	241.0	
比利时				33.1	3.26	560.6	
加拿大	126.3	4.06	681.1	82.9	2.66	458.0	152.4
丹麦	17.8	3.36	564.8	10.4	1.96	338.1	171.2
芬兰				10.5	2.03	349.1	
法国				95.1	1.61	277.0	
德国				129.5	1.58	271.0	

续表

国家	产量			消费量			自给率/%
	产量/百万吨	人均/t	占世界人均/%	总量/百万吨	人均/t	占世界人均/%	
希腊				19.1	1.79	308.8	
意大利	4.6	0.08	13.5	93.0	1.62	279.3	4.9
日本				253.5	2.00	344.3	
荷兰				41.8	2.65	455.7	
挪威	157.5	35.28	5925.4	9.4	2.11	362.3	1675.5
西班牙				70.1	1.77	304.4	
瑞典				15.2	1.71	293.6	
英国	126.2	2.15	360.3	77.6	1.32	227.0	162.6
美国	353.5	1.27	213.3	897.4	3.22	554.8	39.4
17 国加和	821.4	1.75	293.5	1888.8	2.36	405.3	43.5
世界	3589.6	0.60	100.0	3503.6	0.58	100.0	

注：1. 自给率是指本国生产量与消费量之比。

2. 数据来源：BP 世界能源统计（2000 年）。

表 4.3　先期工业化国家 2000 年煤炭产量和消费量

单位：折合标准油当量

国家	产量			消费量			自给率/%
	产量/百万吨	人均/t	占世界人均/%	总量/百万吨	人均/t	占世界人均/%	
澳大利亚	155.6	8.24	2324.1	46.7	2.47	682.0	333.2
奥地利				3.0	0.37	100.8	
比利时				7.3	0.72	198.2	
加拿大	37.2	1.19	336.9	29.3	0.94	259.5	127.0
丹麦				4.0	0.76	208.4	
芬兰				3.5	0.68	186.5	
法国	2.3	0.04	11.0	14.0	0.24	65.4	16.4
德国	56.4	0.69	193.5	82.7	1.01	277.4	68.2
希腊	8.3	0.78	220.0	8.9	0.84	230.6	93.3
意大利				11.7	0.20	56.3	
日本	2.1	0.02	4.7	98.9	0.78	215.3	2.1
荷兰				7.9	0.50	138.0	
挪威				0.7	0.16	43.2	
西班牙	10.9	0.28	77.6	21.6	0.55	150.3	50.5
瑞典				2.0	0.22	61.9	
英国	19.5	0.33	93.5	37.7	0.64	176.8	51.7
美国	570.7	2.05	578.4	564.1	2.03	559.0	101.2
17 国加和	863.0	1.27	358.2	944.0	1.15	317.2	91.2
世界	2137.4	0.35	100.0	2186.0	0.36	100.0	

注：数据来源：BP 世界能源统计（2000 年）。

表 4.4　先期工业化国家 2000 年天然气产量和消费量

单位：折合油当量

国　家	产量			消费量			自给率/%
	产量/百万吨	人均/t	占世界人均/%	总量/百万吨	人均/t	占世界人均/%	
澳大利亚	28	1.48	409.9	19.10	1.01	281.8	147
奥地利				7.10	0.86	240.9	
比利时				13.40	1.32	367.4	
加拿大	151	4.85	1340.5	70.10	2.25	627.1	215
丹麦	7.3	1.38	381.3	4.40	0.83	231.6	166
芬兰				3.40	0.66	183.0	
法国				35.60	0.60	167.9	
德国	15.2	0.18	51.1	71.30	0.87	241.6	21
希腊				1.50	0.14	39.3	
意大利	15.1	0.26	72.9	57.40	1.00	279.1	26
日本				68.60	0.54	150.8	
荷兰	51.6	3.27	903.8	34.50	2.19	608.9	150
挪威	47.2	10.57	2923.1	3.50	0.78	218.4	1349
西班牙				15.20	0.38	106.9	
瑞典				0.80	0.09	25.0	
英国	97.3	1.65	457.3	86.10	1.46	407.8	113
美国	500	1.80	496.7	588.90	2.12	589.5	85
17 国加和	912.7	1.65	456.9	1080.90	1.35	375.6	84
世界	2180.6	0.36	100.0	2164.00	0.36	100.0	

注：数据来源：BP 世界能源统计（2000 年）。

可以看出，先期工业化国家能源的人均消费量远远超过世界的平均水平。人均能源消费量美国最大，达 8.19t 标准油当量，是世界人均消费量的 5.86 倍，就连消费量最小的希腊和意大利，其人均消费量也有 2.8 吨和 2.9t，是世界人均的 2 倍和 2.07 倍，17 国平均人均能耗是世界人均的 3.95 倍。不仅如此，17 国能源消费以优质能源石油和天然气为主。

4.2.2　新兴快速工业化国家和地区的能源消费

20 世纪后半叶，经历了快速工业化进程的典型国家和地区主要有日本和被称为亚洲四小龙的韩国、新加坡及中国的台湾和香港。尽管这些国家和地区的面积总和不到世界陆地面积的 1%，人口也不及世界人口的 4%，但已经成为现今世界工业社会的三大支柱之一。

1945 年第二次世界大战结束时，日本、韩国、新加坡和中国台湾还均属于贫穷落后国家或地区，仅日本略有例外，其国内军事工业已有一定的发展，但与当时的英、美、法、德等资本主义国家相比，总体经济水平还很低。1940 年，日本的人均 GDP 为 2765（盖凯）美元（美、英当时分别为 8215 美元和

7143美元)。由于战争的影响，导致经济衰退，1945年日本人均GDP降到1295美元（美、英当时为11722美元和6737美元)。

2000年的资料显示，日本、韩国、新加坡和中国台湾的人均国内生产总值和社会基础设施完善程度，已接近甚至超过已完成工业化过程的英、美等国。可见，先期的工业化国家，如欧美等国经历100～200年间才完成了工业化，日本、韩国、新加坡、中国台湾和香港等国家和地区在第二次世界大战后，短短30～40年间内就已经达到或即将达到欧美发达国家相应的工业化水平，令世界瞩目。这给世界还属落后群体的发展中国家树立了榜样，也促使我们反思并重新理解工业化进程。

能源是工业的血液，使经济增长和社会发展的动力源。然而，这几个快速工业化国家和地区的能源产量却极低。从2000年各国家和（地区）化石能源产量的比较看出，日本和韩国的一次能源（包括核能和水电）产量仅为世界人均能源产量的一半，中国台湾则更低（表4.5)，新加坡几乎没有产量。但这些快速工业化国家和地区对矿物能源的消费量却大得惊人，一次能源消费总量占世界总量的7%，人均一次能源平均消费量是世界平均水平的2.86倍，特别是新加坡的一次能源消费达到世界人均能源消费量的5.22倍（表4.6)。在不同能源种类中，这些国家和地区又以石油的消费量最高，平均为世界人均消费量的3～5倍，其中新加坡为最高，达14.14倍。从经济水平的角度对比资源禀赋、生产与消费三者的关系，表明国家和地区矿物能源的贫富、生产能力与消费水平高低并无直接关系。能源禀赋差、产量低、消费水平高的“透支式”的消费模式是快速工业化国家和地区的共同特征。

表4.5 快速工业化国家和地区的能源产量（2000年）

种 类	项目	日本	韩国	中国台湾
石油	产量/百万吨	1	2	0.031
	人均/(吨/人)	0.0079	0.042	0.0014
	占世界人均/%	/	/	/
天然气	产量/10^9立方米	2.45	/	0.74
	人均/(立方米/人)	19	—	33
	占世界人均/%	8	/	14
煤	产量/百万吨	3.2	4.17	0.84
	人均/(吨/人)	0.025	0.088	0.037
	占世界人均/%	/	/	/
一次能源总量	产量/百万吨油当量	92.5	32.44	N
	人均/(吨/人)	0.73	0.68	N
	占世界人均/%	50	47	N

注：/—数值很小；N—资料未获。

表 4.6　快速工业化国家和地区的能源消费量（2000 年）

种类	内容	日本	韩国	中国台湾	新加坡	合计
石油	消费量/百万吨油当量	253.50	101.80	39.80	29.10	424.20
	人均/(吨/人)	2.00	2.20	1.80	8.20	2.13
	占世界人均/%	345	379	310	1414	367
天然气	消费量/百万吨油当量	68.60	18.90	6.20	1.40	95.10
	人均/(吨/人)	0.54	0.40	0.28	0.39	0.48
	占世界人均/%	150	111	78	108	133
煤	消费量/百万吨油当量	98.90	42.90	28.90	0.00	170.70
	人均/(吨/人)	0.78	0.92	1.30	0.00	0.86
	占世界人均/%	217	256	361	0.00	239
一次能源总量	消费量/百万吨油当量	511.40	192.30	86.50	30.40	819.50
	人均/(吨/人)	4.04	4.05	3.84	7.46	4.09
	占世界人均/%	283	283	268	522	286

4.2.3　中国的能源消费

能源是支撑人类文明进步的物质基础，是现代社会发展不可或缺的基本条件。在中国实现现代化和全体人民共同富裕的进程中，能源始终是一个重大战略问题。

20 世纪 70 年代末实行改革开放以来，中国的能源事业取得了长足发展。目前，中国已成为世界上～最大的能源生产国，形成了煤炭、电力、石油、天然气以及新能源和可再生能源全面发展的能源供应体系，能源普遍服务水平大幅提升，居民生活用能条件极大改善。能源的发展，为消除贫困、改善民生、保持经济长期平稳较快发展提供了有力保障。

中国能源发展面临着诸多挑战。能源资源禀赋不高，煤炭、石油、天然气人均拥有量较低。能源消费总量近年来增长过快，保障能源供应压力增大。化石能源大规模开发利用，对生态环境造成一定程度的影响。

（1）能源总储量不足，保障程度不高

长期以来，地大物博、资源大国的观念掩盖了我国能源总储量不足的事实，也淡化了对资源的保护和合理利用。能源的多与少是与需求密切相关的相对概念，如果说过去中国是一个资源大国，不仅是因为过去统计数据含大量“水分”（与国际上经济可采储量比较）的储量基数大，而且还因为当时经济不够发达，资源需求量较小，资源保障年限较高。今天在与国际可比的尺度上，大多数资源储量骤减，同时随着经济的飞速发展和人口数量的不断增加，对资源的需求量剧增，资源保障度急剧降低。在储量下降，消费猛增的形势下，不论是从绝对量还是相对占有量来看，中国许多资源的储量已无大国地位。

在我国现有化石能源探明储量中，煤炭占世界总量的 13.3%，石油占

0.9%，天然气占1.5%，三者加和折合成标准油当量占世界化石能源总储量的比例不足10%。与占世界人口19%的人口比例相比较，中国已发现的主要能源的储量不是丰富，而是相当贫乏。

（2）人均资源占有量低，需求压力巨大

近百年来，世界工业化历史表明，与人均GDP一样，主要能源的人均消费量是衡量一个国家经济社会发展水平的重要标志，人均GDP与主要能源的人均消费量具有可循的相关关系。目前的发达国家无一例外地以发展中国家人均数倍，甚至数十倍的强度消耗能源。

中国人均能源资源拥有量在世界上处于较低水平，煤炭、石油和天然气的人均占有量仅为世界平均水平的67%、5.4%和7.5%。虽然近年来中国能源消费增长较快，但目前人均能源消费水平还比较低，仅为发达国家平均水平的1/3。随着经济社会发展和人民生活水平的提高，未来能源消费还将大幅增长，资源约束不断加剧。

（3）能源结构问题突出，优质能源短缺

中国的能源消费结构很不理想，如石油、天然气等优质能源所占比例太小。以煤为主的能源资源特点决定了煤炭在能源结构中占相当大的比例。2010年能源生产总量（29.7亿吨标煤）中，煤炭占76.6%，石油占9.8%，天然气占4.2%，水能占7.8%，核能0.8%。与能源生产相比，能源消费的增长明显高于能源生产的增长，致使能源供需矛盾更加突出。2010年能源消费总量（32.5亿吨标煤）中，煤炭占68.0%，石油占19.0%，天然气占4.4%，水能占7.1%，核能占0.7%。化石能源特别是煤炭的大规模开发利用，对生态环境造成严重影响。大量耕地被占用和破坏，水资源污染严重，二氧化碳、二氧化硫、氮氧化物和有害重金属排放量大，臭氧及细颗粒物（PM2.5）等污染加剧。未来相当长时期内，化石能源在中国能源结构中仍占主体地位，保护生态环境、应对气候变化的压力日益增大，迫切需要能源绿色转型。

（4）单位产品能耗高

中国的能源需求增长迅速，压力很大。节约能源、降低能耗是中国的必由之路。能耗分析是一个相当复杂的问题，因为产品的能耗受着许多因素的影响，涉及资源、技术、经济、社会、环境等各个方面。首先我国能源强度远高于世界平均国际先进水平，2000年我国单位产值能耗（tce/百万美元）按汇率计算为1274，美国为364，欧盟为214，日本为131；2009年，我国火电供电煤耗[gce/(kW·h)]平均为340，日本为307；钢可比能耗（kgce/t）中国平均为679，日本为612；2008年水泥综合能耗（kgce/t）中国平均为181，日本为125。

（5）能源安全形势严峻

近年来能源对外依存度上升较快，特别是石油对外依存度从本世纪初的32%上升至2010年的57%左右。石油海上运输安全风险加大，跨境油气管道安全运行问题不容忽视。国际能源市场价格波动增加了保障国内能源供应难度。能源储备规模较小，应急能力相对较弱，能源安全形势严峻。

4.2.4 发达国家和发展中国家能源消费比较

（1）消费结构的国际分析比较

近百年来，人类消耗的能源中，不可再生的化石能源（煤炭、石油和天然气）占绝大部分。从20世纪70年代以来，尽管核能等新能源的用量快速增加，但时至今日，化石能源依然占人类一次能源消费的80%左右。

发达国家能源消费的构成以石油、天然气为主，大约占2/3。1973年以前，发达国家依靠廉价的石油能源发展了本国的经济，完成了工业化进程。在这之后，石油危机使其能源需求的增量逐渐减少，相应的，支持单位GDP的能源使用量也有所下降。

发展中国家的能源消费结构因地区的不同而有明显差异，表现在两个方面：一是使用煤炭等固体燃料比重较高，使用较清洁的和优质燃料如石油、天然气等比重较少；二是由于资金和技术的限制，能耗水平较高，利用率低。但是发展中国家的经济发展速度一般都比较高，为了适应国内的经济与人口增长，能源的进口数量不断增长，经济增长和能源短缺之间的矛盾日益严重。发展中国家的产业结构和工业结构还处在比较落后的水平，能源大部分都消费在工业生产之中。这些国家同时又面临着资金短缺和技术落后的困扰，使得节能工作投入力度不够，控制大气污染和温室气体排放的投资很有限。

在能源消费行业结构上，发达国家和发展中国家最大的不同之处在于：运输业是发达国家主要的能源消费行业之一，平均约占30%。发达国家的机动车占有率远远高于发展中国家，2009年的统计数据表明，中国的汽车拥有量为46辆车/千人，美国是828辆/千人，西欧为583辆/千人，世界平均为144辆/千人（2000年）。中国汽车产量从1980年的22万辆增加到2010年的1826万辆，年均增长率达到15.9%。由于家庭乘用车的快速普及，乘用车产销量增长最为迅速，2010年产销量分别达到1390万辆和1376万辆，占汽车总产销量的76%。中国汽车保有量的增长正处于起飞期，未来增长潜力巨大，很多机构和学者都对中国汽车保有量的未来发展趋势进行了预测。国内研究方面，2004年由国家发改委牵头进行的中国能源综合发展战略与政策研究预测中国汽车保有量在2020年将达到1.1亿辆；2006年沈中元采用基于收入分布曲线的方法，预测中国2030年汽车总保有量将达到2.28亿辆；2009年出版的《2050中国能源和碳排放报告》一书中预测中国汽车保有量在2030年将达到3.63亿～3.97亿辆，在2050年将达到5.58亿～6.05亿辆。国外研究方面，2006年美国Argonne实验室的Wang等人采用Gompertz模型，预测中国2030年汽车保有量为2.47亿～2.87亿辆，2050年为4.86亿～6.62亿辆；2007年IEA在《世界能源展望2007》一书中预测中国汽车保有量在2030年将达到2.7亿～4.1亿辆；2007年Dargay等人采用改进的Gompertz模型，预测中国2030年汽车保有量为3.9亿辆；2011年UC Davis的Wang等人对以上预测结果进行了综述，认为这些研究普遍低估了中国汽车保有量的增长速度。Wang等人基于发达国家汽车保有量提高相似阶段的比较，认为中国汽车保有量在2022年将达到3.32亿～4.19亿辆。清华大学中国车用能源研究中心研究得出中国2020年、2030年和2050年千人汽车保有量分别为189辆、300辆和403辆，分别达到美国1926年、1949年和1959年的水平。可以判断，中国汽车保有率水平将迅速增长，但是由于资源、环境等因素的限制以及巨大的人口基数，中国汽车保有率与发达国家之间将长期保持巨大的差距。

在许多工业化国家，运输部门排出由人为活动引起的二氧化碳排放量的60%，氮氧化物排放量的42%，碳氢化合物排放量的40%，颗粒物质排放量的13%以及硫氧化物排放量的3%。过去20年间，发达国家致力于提高车的能耗效率以及用少污染或不污染的清洁燃料来代替矿物燃料，已经有了显著的进展。使用天然气、电力、生物乙醇甚至太阳能等新能源驱动的汽车在整个汽车行业中的比例越来越大。

能源结构包括能源的资源保有结构、生产结构（供应结构）和消费结构，而生产结构主要受资源的保有结构制约，因此能源结构的矛盾主要体现在资源的保有结构和消费结构之间。

2010年，世界平均能源消费结构中，石油占33%左右，天然气占21%，煤炭占27%；发达国家平均为：石油占38%，天然气占25%，煤炭占20%；按照我国的统计数据能源消费结构为石油占19%，天然气占4.4%，煤炭占68%左右。我国能源消费结构虽然与发达国家差异很大，但已趋先期工业化国家之势。

20世纪，先期工业化国家一般都经历了从煤炭到石油，从石油到天然气的能源结构调整过程。目前，我国能源的消费结构与发达国家之间存在巨大差异。90年代中期之前的20多年中，我国能源消费结构以煤为主的特征没有明显的变化，最近几年，随着经济的快速发展，以及经济结构的转变和环境保护的压力，尤其是交通也的快速发展，能源消费结构正在快速变化，这种趋势与典型发达国家20世纪60年代的状况类似。然而，我国的资源结构能否保障消费结构快速变化的要求？

通过分析我国化石能源储量和基础（最终可采）储量的资源结构，可以看出，不论是从现有探明可采储量还是远景可采储量，石油和天然气在我国化石能源资源中的比例均不足 10%，最大可采总量也只有 200 亿吨油当量左右，而且这些资源也不可能全部采出。

能源资源结构的特殊性决定了在没有新型能源出现并大规模替代传统能源之前，中国能源的消费结构调整将长期面临巨大的压力，优质能源——石油和天然气将日益依赖进口。

(2) 能源消费量以及能源效率的国际比较分析

发达国家与发展中国家在能源消费上的重要的区别还在于能源的消费量和能源效率上。从商品能源的消费量来看，经济合作与发展组织（OECD）国家以及俄罗斯和东欧是最大的商品能源消费者。1990 年，这些国家合计占世界人口的 22%，但是他们却消费了全世界商品能源的 82%。

按人均计，高收入国家居民的消费量比低收入国家居民的消费量高 15 倍。全球平均每年每人消费量是 560 亿焦耳，其中美国 2800 亿焦耳，荷兰 2130 亿焦耳，俄罗斯 1940 亿焦耳，英国 1500 亿焦耳，法国 1090 亿焦耳，巴西 220 亿焦耳，中国 220 亿焦耳，印度 80 亿焦耳，尼日利亚 50 亿焦耳，坦桑尼亚、埃塞俄比亚和马里各为 10 亿焦耳。

工业化国家在经历了煤炭时代、石油时代以后，进入了以石油、天然气、水电、煤炭和核能等多种能源互补的时代。1973 年，石油输出国联合起来限制石油输出量，并提高石油价格，以及随后 1978 年的两伊战争，使石油输出国的产量锐减，油价上涨，造成了“石油危机”。这给美国等发达国家的经济造成了极大的冲击。从 1973 年到 1975 年，美国的国民生产总值下降了 1.8%。这次危机让人们普遍认识到，廉价能源的时代已经结束，全世界都将以昂贵的价格来获得能源。而且人们开始认识到矿物燃料是有限的。对石油依赖性很强的发达国家也开始发展和利用节能技术，在不提高能耗的前提下满足日益增长的能源需求。近 30 年来，发达国家的能耗水平下降了 1/4～1/3 甚至更多。由于能耗下降，发达国家的工业能源密度（工业能源使用量与增值的比率）显著下降。发达国家能耗的降低还有一个很重要的原因就是因为他们的低能耗产业——第三产业比较发达。

发展中国家大约拥有世界 78%的人口，却只消费 18%的商品能源。广大农村地区几乎得不到任何商业能源，而以薪柴、作物秸秆以及动物粪便作为燃料，并且主要用于炊事和取暖。1990 年，在发展中国家，薪柴和木炭占了能源总消费量的 17%。对于某些国家，木柴是最主要的能源，如埃塞俄比亚、索马里、尼泊尔、尼日利亚、苏丹，木柴占能源的80%。由于使用木柴，造成森林过度砍伐，引发水土流失、环境恶化、生态平衡遭到破坏等一系列严重的后果。由于能源的储量极不平衡，发展中国家的很多地区缺少能源，不得不依赖进口。由于技术水平的限制，发展中国家的单位能耗约为发达国家的3～10倍。

4.3 全面建设小康社会需要能源支持

4.3.1 全面建设小康社会的内涵

党的十六大报告中提出，我们要在本世纪头20年，集中力量，全面建设惠及十几亿人口的更高水平的小康社会，使经济更加发展、民主更加健全、科教更加进步、文化更加繁荣、社会更加和谐、人民生活更加殷实。

什么是“全面的小康”？人们可以用“国民生产总值比2000年再翻两番”“人均国内生产总值达到3000美元”等指标来说明，也可以用平均工资水平、人均住房面积以及家庭机动车拥有量等指标来描述。但仅有这些量化指标还不充分，联系十六大报告的基本精神，就经济发展及人民生活方面说，“全面小康”的内涵还应当包含以下方面内容。

人民生活水平的改善将更多表现为发展需要的满足，社会富裕程度的提高将更多表现为私人资产的加速累积，社会经济生活中的各种风险将获得更完善的制度保障，各方面发展不平衡的状况得到更大程度的调整，可持续发展能力不断增强与自然界之间关系更加协调。

全面小康社会一定是人类经济系统与自然界之间关系协调的社会，惠及子孙后代和长远发展的社会。

中国新型工业化道路的具体体现之一，就是要充分实现经济、社会与自然界之间的和谐相处。

我国的经济发展仍处于高资源指向性的工业化阶段。资源利用与可持续发展的矛盾在我国格外尖锐。以能源为例，我国的资源禀赋并不丰饶，而且资源的品位不高。在我国的一次能源中70%以上只能靠低热值、高运输成本和高污染的煤；我国的水能资源大都蕴藏于开采、利用成本极高的西部与西南地区。在我国的一次能源构成中，液体、气体能源资源严重短缺是一个不可改变的事实。

可持续发展不仅涉及资源，而且涉及环境。从历史上看，如果说，大多数发达国家的可持续发展问题始端于工业文明的出现，那么在我国，人类活动对可持续发展条件的破坏早在农业文明推进过程中就已经大规模开始。在特定生产力条件下，超过土地承载力的人口繁衍造就了几千年来对土地、对环境的反复过度索取，造就了黄土高原的植被破坏，造就了对长江中下游众多河流、湖泊水系的不断围垦，造就了长江中上游地区人口超高密度聚集和林木资源不断消失，造就了西北地区沙化侵袭的普遍存在。

可以说，我们要还的环境“债”可迁延上溯的时间要比世界上其他国家长得多。

从现实看，在发达国家的经济发展过程中，工业化与城市化进程一般保持同步。但在我国，城市化进程长期滞后于工业化，新中国成立后的前 30 余年，工业生产力主要向少数超大型城市聚集；改革开放以来的 30 年余年中，“离土不离乡、进厂不进城”政策又造成了大量乡村工业的遍地开花。城市化进程缓慢和城市结构的严重不合理使我国克服工业文明负面影响的难度要比其他工业化国家大得多。大城市工业治理和分布极广的乡村环境治理，我们面临的重点是难度最大的两头。

保护资源，改善环境，实现可持续发展已经成为我国经济发展中的迫切之需。党的十六大报告强调，“保护环境和保护资源是我们的基本国策”，必须“把可持续发展放在十分突出的地位”。因为“全面小康”之路应当是一条生产发展、生活富裕、生态良好、人与自然和谐相处的文明发展之路。

4.3.2 全面建设小康社会对能源的要求

全面建设小康社会，是一个气魄宏大、震撼人心的历史画卷，是中国走向现代化过程中至关重要的一段航程，在中华民族发展史上具有非同寻常的重要意义。全面建设小康社会，目标是宏伟的，也是完全可能实现的，但同时要完成预定的目标、实现全面建设小康社会的目标，也面临着许多困难和问题，全面建设小康社会绝不会是轻而易举，一帆风顺的，而是一项艰巨的任务。当前中国的发展还面临着许多非常棘手的问题和突出的矛盾，其中之一就是发展与资源环境的矛盾。

资源和环境是人类生存发展的基础，但是，发展的加速必然意味着资源消耗的加速，在我国生产力还不发达和西方下游产业转移的情况下，有时甚至不得不以危害人类赖以生存的环境为代价。比如，工业化必然消耗大量的水资源，同时还要排放废水、污染水体，这与我国人民生活质量提高和城市化对水资源需求增加构成了尖锐的矛盾。由于农业人口众多和开发过度，湖沼湿地和森林面积锐减，内陆地区对水资源的涵养和储蓄能力大大降低，一方面造成了洪涝灾害不断，另一方面又造成水资源的白白流失和日益短缺。再比如说，发展就需要大量的能源，而我国是一个能源稀缺的国家，在可以预见的时间内能源始终是一项重要的制约条件。再比如环境污染问题，由于工业化的加速发展和人民生活的日益改善，目前我国的水体污染、空气污染、土地污染等现象比较严重。如何走一条兼顾发展与环境的可持续发展道路，是一个非常值得关注的问题，也是十六大重点强调的问题。

4.3.3　农村能源在全面建设小康社会过程中的意义

全面建设小康社会是以全面建设农村小康社会为基础的，十六大报告中指出“建设现代农业、发展农村经济、增加农民收入，是全面建设小康社会的重大任务”。根据《全国人民小康水平基本标准》规定的指标测算，从总体上讲，到1999年我国已走完温饱阶段94.6%的路程，到2000年我国总体水平实现小康初始水平的路程，全国约有74.84%的人口基本达到小康水平，有12.86%的人口接近小康水平，然而，还有12.84%的人口难以实现小康。这部分人主要集中在农村和边远地区。可见，农村小康社会的建设是全面建设小康社会的关键。

首先，实现农村的小康有利于解决我国目前面临的严重的农民问题。当前，我国农民约占我国人口80%以上，构成了我国最大的社会群体。这一基本状况决定了农民的生活状况是全面建设小康社会首先必须解决的问题。由于种种原因，我国的农业发展比较落后，土地所承载的农民人口压力过大，农村大量劳动力失业，致使土地生产资料功能退化，生存保障能力下降，农业生产率低水平徘徊，农产品价格持续走低，农民负担过重，农民的收入较低，农民的素质低下，所有这一切叠加在一起，相互作用、相互影响，形成一个恶性循环的链条。这对我们建设一个经济发展、政治民主、文化繁荣、社会和谐、环境优美、生活殷实的全面小康来说，是一个巨大的障碍。全面建设农村小康社会，就是要解决农民的问题与矛盾，调动农民的积极性，不断提高农民的素质和收入水平，改善他们的生活状况，使他们真正成为小康建设的主体，积极、主动地投入到社会主义的小康事业当中来。

其次，全面建设农村小康社会有利于整个国民经济健康、持续、稳定的发展，为全面建设社会主义的小康事业打下坚实的物质基础。农民所从事的主业——农业，一直是国民经济的基础产业，为第二、三产业的发展提供了原料和积累，农民承担着经济转变的基础作用和支撑作用，农民是农产品的主要生产者和提供者。随着乡镇企业的崛起和产业化格局的形成，作为乡镇经济发展主体的农民，在整个国民经济中的作用更加突显。农村的市场容量约占全国市场总容量的一半以上，农村市场的需求状况对工业乃至国民经济增长具有绝对性的影响：经济越发展，工业和其他产业所需的原料越多，对农业的依赖程度就越高，经济越发展，越需要健康规范的经济环境和稳定的经济运行秩序，而坚实的农业基础正是经济良性循环的必要条件和重要的前提。要全面建设农村小康社会，首先必须解决 7 亿农民奔小康的问题，只有调动农民这个最积极、最活跃的革命因素，才能使农业生产继续向广度和深度发展，为全面建设小康社会打下坚实的物质基础。

“九五”、“十五”和“十一五”期间，中国农村经济发展迅速，农村能源建设取得显著成效。农村能源的发展，有效地支撑和促进了农村经济的增长，农民收入水平得到了明显提高，农村生态环境也大有改善。可见，农村能源与农业生产和农民生活直接相关，将来在 9 亿农民全面建设小康的进程中，农村能源综合建设同样要作为农村经济发展的强有力的保障来促进农村经济发展。

4.3.4 全面建设小康社会下的工业化道路选择

十六大报告指出：“实现工业化仍然是我国现代化进程中艰巨的历史性任务。信息化是我国加快实现工业化和现代化的必然选择。坚持以信息化带动工业化、以工业化促进信息化，走出一条科技含量高、经济效益好、资源消耗低、环境污染少、人力资源优势得到充分发挥的新型工业化路子。”这里所讲的新型工业化道路，不同于西方发达国家和第二次世界大战后一些新兴工业化国家已走过的传统工业化道路，也有别于我国从第一个五年计划期间起步的、迄今长达半个世纪的工业化历程，“科技含量高、经济效益好、资源消耗低、环境污染少、人力资源优势得到充分发挥”等五个特征，深刻揭示了我国新型工业化道路的基本内涵。

如果联系工业化面临的国际环境和国内体制条件等因素，从内涵和外延两个角度，进一步全面理解“新路子”的丰富内涵，拟可归纳为以下几个方面。

① 以科技进步为动力，由信息化带动的工业化道路。

工业化是指传统的农业社会向现代化工业社会转变的历史过程。在不同的历史条件下，各国实现工业化的道路应有所不同，就当时代表先进生产力的科学技术对工业化的带动作用而言，在西方工业化国家也有差别。英国是自 18 世纪 30 年代至 19 世纪 40 年代在世界上第一个基本上完成工业化革命的国家。当时英国工业革命的动力主要是蒸汽机的发明和应用，是以蒸汽机为动力的机械化带动了英国的工业化。法、德、美、意、日等国于 19 世纪先后开始并基本上完成了本国的工业革命，是因为电的发明和电动机的广泛使用，电气化起了巨大的带动作用。二战后一些新兴工业化国家实现工业化和现代化，是由电子化、自动化带动的。中国现在正刚步入工业化中期阶段，国际社会正在进入信息时代，继续推进的工业化进程，必须走以信息化带动工业化的新路子。

② 以降低资源消耗，提高经济效益为核心的工业化道路。

提高经济效益是经济工作的核心目标，追求工业化，不仅要大大提高劳动生产率，更要提高经济效益，在当今经济全球化的国际背景下，竞争的根本目的仍然是以较少的生产成本，获取更多的经济效益。不能再走只讲产值和产量，不重视质量和效益，以粗放型经济增长方式为主的工业化老路子。必须走以提高经济效益为核心的新型工业化道路。

③ 环境污染少，同实施可持续发展战略相结合的工业化道路。

实现工业化，不能以过度消耗资源，破坏生态环境为代价，不能危害子孙后代和整个人类的可持续发展。而且走“先污染、后治理”的传统工业化道路，劳民伤财，延缓了整个现代化的进程。我国是人口大国，人均占有的资源比较少，在工业化进程中，必须始终注意节约资源与环境友好，给后人留出可持续发展的空间。

工业化是由农业经济转向工业经济的一个自然历史过程，存在着一般的规律性；但在不同体制下，在工业化的不同阶段，可以有不同的发展道路和模式。根据十六大报告的精神，新型工业化道路主要“新”在以下几个方面：第一，新的要求和新的目标。新型工业化道路所追求的工业化，不是只讲工业增加值，而是要做到“科技含量高、经济效益好、资源消耗低、环境污染少、人力资源优势得到充分发挥”，并实现这几方面的兼顾和统一。这是新型工业化道路的基本标志和落脚点。第二，新的物质技术基础。我国工业化的任务远未完成，但工业化必须建立在更先进的技术基础上。坚持以信息化带动工业化，以工业化促进信息化，是我国加快实现工业化和现代化的必然选择。要把信息产业摆在优先发展的地位，将高新技术渗透到各个产业中去。这是新型工业化道路的技术手段和重要标志。第三，新的处理各种关系的思路。要从我国生产力和科技发展水平不平衡、城乡简单劳动力大量富余、虚拟资本市场发育不完善且风险较大的国情出发，正确处理发展高新技术产业和传统产业、资金技术密集型产业和劳动密集型产业、虚拟经济和实体经济的关系。这是我国走新型工业化道路的重要特点和必须注意的问题。第四，新的工业化战略。新的要求和新的技术基础，要求大力实施科教兴国战略和可持续发展战略。必须发挥科学技术是第一生产力的作用，依靠教育培育人才，使经济发展具有可持续性。这是新型工业化道路的可靠根基和支撑力。

新型工业化道路相对于传统工业化道路有四个突出的特点：一是在三次产业的协调发展中完成工业化的任务，而不是孤立片面地实现工业化；二是在完成工业化任务的过程中推进信息化，而不是把信息化的任务推向未来；三是把实现工业化纳入可持续发展的轨道，而不是先污染后治理、先破坏后建设；四是在工业化过程中尽力发挥我国人力资源丰富的优势，而不是造成大量劳动者失业。

新型工业化道路要求我们必须把工业发展和农业、服务业的发展协调统一起来，使工业化同时成为农业现代化和推进现代服务业发展的基础和动力；把速度同质量、效益、结构等有机地结合和统一起来，使我国工业真正具有强大的竞争优势；把工业生产能力的提高和消费需求能力的提高协调统一起来，把工业增长建立在消费需求不断扩大的基础上；把技术进步、提高效率同实现充分就业协调统一起来，使更多的人能够分享工业化的成果和利益，并实现人的全面发展；把当前发展和未来可持续发展衔接和统一起来，尊重自然规律和经济发展规律，走文明发展之路，实现人与自然的和谐。

4.4 低碳社会与能源发展

4.4.1 低碳社会概念

低碳社会（low-carbon society），就是通过创建低碳生活，发展低碳经济，培养可持续发展、绿色环保、文明的低碳文化理念，形成具有低碳消费意识的“橄榄形”公平社会。

随着低碳经济在全球持续受到关注，一系列关于低碳的议题也得到了人们的重视。“低碳社会”这一最先由日本学者提出的概念逐步成为高层乃至民间瞩目的焦点，严格意义上的低碳社会概念在学术界还没有被系统性地提出。根据英国和日本联合研究项目《通向2050年的低碳社会路线图》中对低碳社会的理解，低碳社会应该是这样一个社会：采取与可持续发展原则相容的行动，满足社会中所有团体的发展需要；为实现全球努力作出公平贡献，已通过削减全球大气里的二氧化碳和其他温室气体的排放，使其密度达到一个可以避免危险的气候变化的水平；表现出高水平的能源效率，使用低碳能源和生产技术；采取与低水平温室气体排放相一致的消费模式和行为。

4.4.2 低碳社会内涵

首先，低碳社会是社会发展模式上的革命。低碳社会是继农业社会、工业社会、信息社会以后人类经济发展模式的巨大创新，它要求用尽量少的能源资源消耗和二氧化碳排放，来保证经济社会的持续发展。传统的经济增长理论强调经济发展依靠自然资源和生产要素的投人，但这样并没有考虑碳排放的约束变量。而在未来，二氧化碳的排放空间很可能也将被视为一种有限的自然资源，并成为最紧缺的生产要素，成为经济发展的约束性因素。低碳社会的本质要求是提高碳的生产力——每排放单位二氧化碳，减少人类活动的碳排放量，追求更高的生活品质。

其次，低碳社会还是一场生活方式和消费理念的革命。每一次浪潮都会对人们的生活方式产生影响，颠覆了以往的生活模式，低碳浪潮也是在生活方式上的变革。低碳社会描绘了在全球气候变化背景下的新型社会形态，低碳社会将引领社会发展新潮流，是人类面临自己赖以生存的环境日益恶化下的理性思考，反映了可持续发展的理念，表达了人与自然和谐相处的生存诉求。

因此，低碳社会是一种未来社会发展的美好愿景，代表了一种新的生活方式。以下将分别从经济、交通、建筑和生活方式等方面大致描述低碳社会的情形。

- 低碳经济　所谓低碳经济，是指在可持续发展理念指导下，通过技术创新、制度创新、产业转型、新能源开发等多种手段，尽可能地减少煤炭、石油等高碳能源消耗，减少温室气体排放，达到经济社会发展与生态环境保护双赢的一种经济发展形态。发展低碳经济，一方面是积极开展环境保护和节能降耗；另一方面是调整经济结构，提高能源利用效益，发展新兴工业，建设生态文明。

- 低碳交通　低碳交通是人均能耗和排放都较低的交通发展方式，包括公共交通和采用低排放交通工具。交通部门是现代社会重要碳排放来源之一，低碳社会要着力构建低碳化的现代交通体系。因此，一是要大力推进公共交通系统建设，二是努力开发低碳化的交通工具迈向低碳交通。

- 低碳建筑　实施低碳建筑，具体办法是在建筑设计上充分利用自然资源，设计朝向、通风性能，在屋面、墙体、门窗等建筑外围护结构上使用具有隔热和保温性能的材料，在空调等建筑暖通设备上尽量使用能耗低的产品，同时充分开发利用太阳能、风能和地热资源。

- 低碳生活　“低碳生活（low-carbon life)”就是指生活作息时所耗用的能量要尽力减少，从而减低二氧化碳的排放量。低碳生活，对于普通人来说是一种态度，而不是能力。应该积极提倡并去实践低碳生活，注意节电、节水、节油、节气，从这些点滴做起。除了植树，还有人买运输里程很短的商品，有人坚持爬楼梯，形形色色，有的很有趣，有的不免有些麻烦。但关心全球气候变暖的人们却把减少二氧化碳实实在在地带入了生活。

4.4.3　低碳社会的能源发展

能源是维持社会健康运转的“血脉”。

低碳社会将依托低碳能源实现社会的有效运转，低碳能源突出表现为以下两点：一是能源利用效率极大提高。由于能源效率的低下，今天全世界能源利用所产生的热能一半以上都被浪费了，没有被用来满足能源需求。低碳社会要大力提高能源利用效率，能源效率的进一步提高将不仅减少化石燃料的消费，还将使迅速增加的无碳能源使用更加容易。二是无碳及可再生能源将发挥重要作用。在现有社会经济条件下，人类只能逐渐提高能源效率和改善能源结构，低碳社会要求大规模减少二氧化碳排放，同时需要迅速地使用无碳能源。低碳能源种类包括核能、太阳能、风能、生物质能和地热能。从更长远的实践来看，海洋能、潮汐能、波浪能、洋流和热对流能是另一类巨大的能源。

我国积极发展低碳能源。大力开发天然气，推进煤层气、页岩气等非常规油气资源开发利用，出台财政补贴、税收优惠、发电上网、电价补贴等政策，制定实施煤矿瓦斯治理和利用总体方案，大力推进煤炭清洁化利用，引导和鼓励煤矿瓦斯利用和地面煤层气开发。天然气产量由2005年的493亿立方米增加到2010年的948亿立方米，年均增长14%，天然气在中国能源消费结构中所占比重达到4.3%。煤层气累计抽采量305.5亿立方米，利用量114.5亿立方米，相当于减排二氧化碳1.7亿吨。积极开发利用非化石能源。通过国家政策引导和资金投入，加强了水能、核能等低碳能源开发利用。截至2010年底，水电装机容量达到2.13亿千瓦，比2005年翻了一番；核电装机容量1082万千瓦，在建规模达到3097万千瓦。支持风电、太阳能、地热、生物质能等新型可再生能源发展。完善风力发电上网电价政策。实施“金太阳示范工程”，推行大型光伏电站特许权招标。完善农林生物质发电价格政策，加大对生物质能开发的财政支持力度，加强农村沼气建设。2010年，风电装机容量从2005年的126万千瓦增长到3107万千瓦，光伏发电装机规模由2005年的不到10万千瓦增加到60万千瓦，太阳能热水器安装使用总量达到1.68亿平方米，生物质发电装机容量约500万千瓦，沼气年利用量约140亿立方米，全国户用沼气达到4000万户左右，生物燃料乙醇利用量180万吨，各类生物质能源总贡献量合计约1500万吨标准煤。

根据国际能源署的研究，世界能源结构也将发生明显变化，低碳和无碳能源的发展进程将加快。在未来20～25年间，天然气肯定会在满足世界能源需求和优化能源结构方面发挥核心作用。伴随着各国应对气候变化力度的提升，发电方式的深刻转变近在咫尺，电源结构中天然气、核电、可再生电力等低碳、无碳发电方式日趋凸显。可再生能源将促使世界能源消费朝着更加安全、更清洁、更可持续的道路发展，其潜力巨大，但能否取得稳定持续发展取决于政府的支持力度。

第 5 章

能源与环境

5.1 能源利用是引起环境变化的重要原因

人类既是环境的产物，也是环境的改造者。人类在同自然界的斗争中，不断地改造自然。但是由于人类认识能力和科学技术水平的限制，在改造环境的过程中，同时会造成对环境的污染和破坏。

人类活动造成的环境问题，最早可追溯到远古时期。那时，由于用火不慎，大片草地、森林发生火灾，生物资源遭到破坏，人们不得不迁往他地以谋生存。随着社会分工和商品交换的发展，城市成为手工业和商业的中心。城市里人口密集，各种手工业作坊与居民住房混在一起。排出的废水、废气、废渣，以及城镇居民排放的生活垃圾，造成了环境污染。13 世纪英国爱德华一世时期，曾经有对排放煤炭的“有害的气味”提出抗议的记载。近代，在一些工业发达的城市，工矿企业排出的废弃物污染环境，使污染事件不断发生。如 19 世纪中后期，英国伦敦多次发生可怕的有毒烟雾，日本足尾铜矿区排出的废水毁坏了大片农田的事件等。第二次世界大战以后，许多工业发达国家普遍发生现代工业发展带来的范围更大、情况更加严重的环境污染问题，威胁着人类的生存。美国洛杉矶市自 20 世纪 40 年代后经常在夏季出现光化学烟雾。北欧、北美地区许多地方下降酸雨，大气中二氧化碳含量不断增加。环境问题已发展成为全球性的问题。

煤、石油、天然气是所有能源中最重要的能源，也是全球经济发展的基础能源。自 18 世纪英国工业革命开始以来，人们千百年来的自然生活方式大大地改变了。随着现代科学进步和工业化进程的急速发展，人们对于自己所处的环境——大自然的改造能力愈来愈强。人类对能源的需求量也明显发生了变革。基础能源的使用量和需求量开始大幅增加。参照表 5.1 的数据可以看到，一座 1000MW 的发电厂在使用不同燃料时的污染物质排放量。燃烧煤炭时，颗粒物质的排放量最大，分别是燃油和燃气的 6.15 倍和 9.76 倍。

表 5.1　1000MW 发电厂使用不同燃料时的污染物质排放量①

项目	年排放量($\times10^6$kg)		
	煤气②	油③	煤炭④
颗粒物质	0.46	0.73	4.49
硫氧化物	0.012	52.66	39.00
氮氧化物	12.08	21.70	20.88
一氧化碳	忽略不计	0.008	0.21
烃类化合物	忽略不计	0.67	0.52

① National Academy of Engineering，1972。

② 煤气消耗量假定为 $1.9\times10m^3$/年。

③ 每年耗油量设为 $1.57\times10t$，含 S 量为 1.6%，灰分为 0.05%。

④ 每年燃煤量设为 2.3×10^6t，煤中含 S 量为 3.5%，其中的 15% 留在灰分中。煤中含灰分 9%，飞灰效率 97.5%。

目前，在能源的需求结构中，石油所占的比例最大，约为 30%，煤和天然气各占 30% 和 20%。自 20 世纪 70 年代以来，由于人口增长和经济发展，能源的需求量还在不断增加。

任何一种能源的开发和利用都会对环境造成一定影响。例如水能的开发和利用可能会造成地面沉降、地震和生态系统变化；地热能的开发和利用能导致地下水污染和地面下沉。在诸多能源中，不可再生能源对环境的影响是最为严重的。煤、石油、天然气等大量能源的利用，也使得由于使用能源而导致的环境问题开始显现出来。

大量使用化石燃料，对环境造成严重危害，表 5.2 给出了全球生态环境恶化的一些具体表现。

表 5.2　全球生态环境恶化的具体表现

项　　目	恶化表现
土地沙漠化	$10hm^2/min$
森林消失	$21hm^2/min$
草地减少	$25hm^2/min$
耕地减少	$40hm^2/min$
物种灭绝	2 个/小时
土壤流失	300 万吨/小时
CO_2 排放	8000 万吨/天
垃圾生产	2700 万吨/天
由于环境污染造成的死亡人数	10 万人/天
各种废水或污水排放速度	60000 亿吨/年
各种自然灾害造成的损失	1200 亿美元/年

专栏 5.1　20 世纪八大公害事件

(1) 比利时马斯河谷烟雾事件

1930 年 12 月 1～5 日　比利时马斯河谷工业区　工业区处于狭窄的盆地中，12 月 1～5 日发生气温逆转，工厂排出的有害气体在近地层积累，三天后有人发病，症状表现为胸痛、咳嗽、呼吸困难等。一周内有 60 多人死亡。心脏病、肺病患者死亡率最高。这是 20 世纪最早记录下的大气污染事件。

(2) 美国多诺拉烟雾事件

1948 年 10 月 26～31 日　美国宾夕法尼亚州多诺拉镇　该镇处于河谷，10 月最后一个星期大部分地区受反气旋和逆温控制，加上 26～30 日持续有雾，使大气污染物在近地层积累。二氧化硫及其氧化作用的产物与大气中尘粒结合是致害因素，发病者 5911 人，占全镇人口 43%。症状是眼痛、喉痛、流鼻涕、干咳、头痛、肢体酸乏、呕吐、腹泻，死亡 17 人。

(3) 伦敦烟雾事件

1952 年 12 月 5～8 日　伦敦　几乎英国全境为浓雾覆盖，给伦敦带来寒冷和大雾的天气，四天中死亡人数较常年同期约多 40000 人，45 岁以上的死亡最多，约为平时 3 倍；1 岁以下死亡的，约为平时 2 倍。事件发生的一周中因支气管炎死亡是事件前一周同类人数的 9.3 倍。这是 20 世纪世界上最大的由燃煤引发的城市烟雾事件。

(4) 美国洛杉机光化学烟雾事件

20世纪40年代初期　美国洛杉矶市　全市250多万辆汽车每天消耗汽油约1600万升，向大气排放大量碳氢化合物、氮氧化物、一氧化碳。该市临海依山，处于长50km的盆地中，汽车排出的废气在日光作用下，形成以臭氧为主的光化学烟雾。这是最早出现的由汽车尾气造成的大气污染事件。

(5) 日本水俣病事件

1953～1956年　日本熊本县水俣市　含甲基汞的工业废水污染水体，使水俣湾外围的“不知火海”的鱼中毒，人食用毒鱼后受害。造成近万人的中枢神经疾病，其中甲基汞中毒患者283人中有60余人死亡。

(6) 日本富山骨痛病事件

1955～1972年　日本富山县神通川流域　锌、铅冶炼厂等排放的含废水污染了神通川水体，两岸居民利用河水灌溉农田，使稻米和饮用水含镉而中毒，1963～1979年3月共有患者130人，其中死亡81人。

(7) 日本四日市哮喘病事件

1961年　日本四日市　自1955年以来，石油冶炼和工业燃油产生的废气，严重污染城市空气。重金属微粒与二氧化硫形成硫酸烟雾。1961年哮喘病发作，1967年一些患者不堪忍受而自杀。至1972年四日市共确认哮喘病患者达817人，死亡10多人。

(8) 日本米糠油事件

1963年3月　日本爱知县一带　由于对生产米糠油业的管理不善，造成多氯联苯污染物混入米糠油内，人们食用了这种被污染的油之后，酿成有13000多人中毒，数十万只鸡死亡的严重污染事件。

资料来源：王翊亭，井文涌，何强编．环境学导论．清华大学出版社，1985。

专栏5.2　臭氧层损耗

大气中的臭氧含量仅一亿分之一，但在离地面20～30km的平流层中，存在着臭氧层，其中臭氧的含量占这一高度空气总量的十万分之一。臭氧层的臭氧含量虽然极其微小，却具有非常强烈的吸收紫外线的功能，可以吸收太阳光紫外线中对生物有害的部分（UV-B）。由于臭氧层有效地挡住了来自太阳紫外线的侵袭，才使得人类和地球上各种生命能够存在、繁衍和发展。

1985年，英国科学家观测到南极上空出现臭氧层空洞，并证实其同氟利昂（CFCs）分解产生的氯原子有直接关系。这一消息震惊了全世界。到1994年，南极上空的臭氧层破坏面积已达2400万平方公里，北半球上空的臭氧层比以往任何时候都薄，欧洲和北美上空的臭氧层平均减少了10%～15%，西伯利亚上空甚至减少了35%。科学家警告说，地球上臭氧层被破坏的程度远比一般人想象的要严重得多。

氟利昂等消耗臭氧物质是臭氧层破坏的元凶，氟利昂是20世纪20年代合成的，其化学性质稳定，不具有可燃性和毒性，被当作制冷剂、发泡剂和清洗剂，广泛用于家用电器、泡沫塑料、日用化学品、汽车、消防器材等领域。20世纪80年代后期，氟利昂的生产达到了高峰，产量达到了144万吨。在对氟利昂实行控制之前，全世界向大气中排放的氟利昂已达到了2000万吨。由于它们在大气中的平均寿命达数百年，所以排放的大部分仍留在大气层中，其中大部分仍然停留在对流层，一小部分升入平流层。在对流层相当稳定的氟利昂，在上升进入平流层后，在一定的气象条件下，会在强烈紫外线的作用下被分解，分解释放出的氯原子同臭氧会发生连锁反应，不断破坏臭氧分子。科学家估计一个氯原子可以破坏数万个臭氧分子。

臭氧层破坏的后果是很严重的。如果平流层的臭氧总量减少1%，预计到达地面的有害紫外线将增加2%。有害紫外线的增加，会产生以下一些危害：①使皮肤癌和白内障患者增加，损坏人的免疫力，使传染病的发病率增加。据估计，臭氧减少1%，皮肤癌的发病率将提高2%～4%，白内障的患者将增加0.3%～0.6%。有一些初步证据表明，人体暴露于紫外线辐射强度增加的环境中，会使各种肤色的人们的免疫系统受到抑制。②破坏生态系统。对农作物的研究表明，过量的紫外线辐射会使植物的生长和光合作用受到抑制，使农作物减产。紫外线辐射也使处于食物链底层的浮游生物的生产力下降，从而损害整个水生生态系统。有报告指出，由于臭氧层空洞的出现，南极海域的藻类生长已受到了很大影响。紫外线辐射也可能导致某些生物物种的突变。③引起新的环境问题。过量的紫外线能使塑料等高分子材料更加容易老化和分解，结果又带来光化学大气污染。

1985年，在联合国环境规划署的推动下，制定了保护臭氧层的《维也纳公约》。1987年，联合国环境规划署组织制定了《关于消耗臭氧层物质的蒙特利尔议定书》（以下简称《蒙特利尔议定书》），对8种破坏臭氧层的物质（简称受控物质）提出了削减使用的时间要求。中国于1992年加入了《蒙特利尔议定书》。

资料来源：陈德娣，华丕长编．环境公害纵横谈．中国环境科学出版社，1993。

5.2 能源利用导致的主要环境问题

5.2.1 酸雨污染

大气中的硫和氮的氧化物有自然和人为两个来源。例如：二氧化硫的自然来源包括微生物活动和火山活动，含盐的海水飞沫也增加大气中的硫。自然排放大约占大气中全部二氧化硫的一半，但由于自然循环过程，自然排放的硫基本上是平衡的。环境中硫氧化物的人为来源主要是煤炭、石油等矿物燃料的燃烧、金属冶炼、化工生产、水泥生产、木材造纸以及其他含硫原料的工业生产。其中，煤炭与石油的燃烧过程排出的二氧化硫数量最大，约占人为排放量的 90%。近年来各国虽然采取了种种减少二氧化硫排放量的措施，使燃烧单位重量矿物燃料排出的二氧化硫量有所减少，但随着工业的发展与人口的增加，矿物燃料的总消费量在不断增长，世界的二氧化硫人为排放量仍在继续增加。

燃煤时排放的二氧化硫是由煤炭的含硫组分在燃烧时被氧化而成。煤炭中的硫分以硫铁矿、有机硫和硫酸盐三种形式存在。酸铁矿所含硫分一般占煤炭总硫量的 50%～70%。煤炭含硫量一般随地区与煤的品种而异，例如，我国的高硫煤的含硫量可达 10%，而低硫煤的含硫量则只有 0.3%。全世界煤炭含硫量一般为 1%～3%，我国煤炭平均含硫量为 1.72%。

煤炭的可燃性硫分在燃煤时，大部分被氧化成 SO_2，在过量空气条件下，约有 5%的 SO_2 转化为 SO_3，它们大都随烟气排入大气中，只有少部分可燃硫与灰渣中的碱土金属氧化物反应，形成硫酸盐而留在灰渣中，一般可燃性硫分的 80%都会转换成疏氧化物（SO_x）随烟气排出。

原油中除含有上百种烃类组分外，还含有一定的硫分，含硫量随产地而异，南美、中东地区的石油含硫量较高，通常都在 1%～3%。例如科威特原油含硫量平均为 2.55%，而美国的 40%原油含硫量都低于 0.25%，只有 20%的原油含硫量超过 1%。石油中的有机成分在蒸馏过程中都进入高沸物中，因此，柴油含硫量比汽油及煤油高，而重油的含硫量又高于柴油，所以，重油含硫量比原油更高，例如科威特原油含硫为 2.55%，但经炼制剩下的重油含硫量却高达 3.7%。重油通常都作燃料，燃烧时其所含硫分即以 SO_2 形式排入大气中。

人为排放出来的氮氧化物大部分是大气中的氮（N_2）在高温下燃烧时产生的。矿物燃烧中含氮物质，如石油中的吡啶（C_5H_5N）和煤炭中的环状含氮物，在燃烧时也会生成氮氧化物。一般在 900℃ 燃烧时，燃料中的含氮物与空气中的氮气，即会与氧气反应生成 NO_x，燃烧温度达到 1300°C 时 NO_x 的发生尤为迅速。燃料中的含氮量愈高或燃烧时的过量空气愈多，在高温下燃烧时生成的 NO_x 量也愈多。燃烧中产生的 NO_x 的 90%（体积）是 NO，只有少量的 NO_2 生成，当 NO 在空气中停留一段时间后，NO 即逐渐氧化成 NO_2。此外，在硝酸、氮肥、硝化有机物、苯胺染料与合成纤维的生产过程中，也会产生 NO_x。

火电厂是氮氧化物的主要固定排放源，而汽车是氮氧化物的主要流动源。在所有工业化国家中，交通车辆在燃烧石油制品时排出的氮氧化物占总氧化物排放量的比例都较大。

这些污染物在大气中不会分解消失，而会通过大气传输，在一定条件下形成酸雨。酸雨主要分布在污染源集中的城市地区。酸雨的长距离输送，则使酸雨污染发展成为区域环境问题和跨国污染问题。酸雨问题首先出现在欧洲和北美洲，现在已出现在亚太的部分地区和拉丁美洲的部分地区。欧洲和北美已采取了防止酸雨跨界污染的国际行动。在东亚地区，酸雨的跨界污染已成为一个敏感的外交问题。

酸雨通常指 pH 值低于 5.6 的降水，但现在泛指酸性物质以湿沉降或干沉降的形式从大气转移到地面上。湿沉降是指酸性物质以雨、雪形式降落地面，干沉降是指酸性颗粒物以重力沉降、微粒碰撞和气体吸附等形式由大气转移到地面。酸雨形成的机制相当复杂，是一种复杂的大气化学和大气物理过程。酸雨中绝大部分是硫酸和硝酸，主要来源于排放的二氧化硫和氮氧化物。就某一地区而言，酸雨发生并产生危害有两个条件，一是发生区域有高度的经济活动水平，广泛使用矿物燃料，向大气排放大量硫氧化物和氮氧化物等酸性污染物，并在局部地区扩散，随气流向更远距离传输；二是发生区域的土壤、森林和水生生态系统缺少中和酸性污染物的物质或对酸性污染物的影响比较敏感，如酸性土壤地区和针叶林就对酸雨污染比较敏感，易于受到损害。

20 世纪 60、70 年代以来，随着世界经济的发展和矿物燃料消耗量的逐步增加，矿物燃料燃烧中排放的二氧化硫、氮氧化物等大气污染物总量也不断增加，酸雨分布有扩大的趋势。欧洲和北美洲东部是世界上最早发生酸雨的地区，但亚洲和拉丁美洲有后来居上的趋势。酸雨污染可以发生在其排放地 500～2000km 的范围内，酸雨的长距离传输会造成典型的越境污染问题。

欧洲是世界上一大酸雨区。主要的排放源来自西北欧和中欧的一些国家。这些国家排出的二氧化硫有相当一部分传输到了其他国家，北欧国家降落的酸性沉降物一半来自欧洲大陆和英国。受影响重的地区是工业化和人口密集的地区，即从波兰和捷克经比利时、荷兰、卢森堡三国到英国和北欧这一大片地区，其酸性沉降负荷高于欧洲极限负荷值的60%，其中中欧部分地区超过生态系统的极限承载水平。

美国和加拿大东部也是一大酸雨区。美国是世界上能源消费量最多的国家，消费了全世界近1/4的能源，美国每年燃烧矿物燃料排出的二氧化硫和氮氧化物也占各国首位。从美国中西部和加拿大中部工业心脏地带污染源排放的污染物定期落在美国东北部和加拿大东南部的农村及开发相对较少或较为原始的地区，其中加拿大有一半的酸雨来自美国。

亚洲是二氧化硫排放量增长较快的地区，并主要集中在东亚，其中中国南方是酸雨最严重的地区，成为世界上又一大酸雨区。

酸雨的危害主要表现在以下几个方面。

① 对人体健康的直接危害。硫酸雾和硫酸盐雾的毒性大，且容易侵入肺的深部组织，引起肺水肿等疾病而致人死亡。

② 酸化水体。酸雨降落到地面后得不到中和，可使湖泊、河流酸化。湖水或河水的pH值降到5以下时，鱼的繁殖和发育会受到严重影响。湖水或河水的pH值降到5以下时，鱼的繁殖和发育会受到严重影响。水体酸化还可能改变水生生态系统。在北欧，一些湖泊受害最为严重，湖泊酸化导致鱼类灭绝。加拿大和美国的许多湖泊和河流也遭受着酸化危害。美国国家地表水调查数据显示，酸雨造成75%的湖泊和大约一半的河流酸化。加拿大政府估计，加拿大43%的土地（主要在东部）对酸雨高度敏感，有14000个湖泊是酸性的。

③ 破坏土壤、植被和森林。酸雨抑制土壤中有机物的分解和氮的固定，淋洗土壤中钙、镁、钾等营养因素，使土壤贫瘠化。酸雨损害植物的新生叶芽，从而影响其生长发育，导致森林生态系统的退化。从欧美各国的情况来看，欧洲地区土壤缓冲酸性物质的能力弱，酸雨危害的范围还是比较大的，如欧洲30%的林区因酸雨影响而退化。1980年前后，欧洲以德国为中心，森林受害面积迅速扩大，树木出现早枯和生长衰退现象。

④ 腐蚀建筑材料及金属结构。酸雨腐蚀建筑材料、金属结构、涂料等。特别是许多以大理石和石灰石为材料的历史建筑物和艺术品，耐酸性差，容易受酸雨腐蚀和变色。

专栏5.3 污染物排放系数

在工业企业使用能源过程和生产工艺过程中会向环境排放大量的污染物，在评价环境影响时，要估算工业企业固体废弃物、气体污染物、温室气体（CO_2）的排放量，乃至放射性污染物对环境的影响，这对新建工程项目和技术改造项目的环境评审都是十分重要的。通常是用“工业污染源调查资料”作为评价的基础数据，有时也要对重点的污染源进行必要的核查。污染物排放量是采用现场测量、物料平衡分析与经验估算等方法进行计算的。

表 5.3　各类能源燃烧的污染物排放系数

能源种类	污染物	炉型		
		电站锅炉	工业锅炉	采暖炉及家用炉
燃煤/(kg 污染物/t 煤)	CO	0.23	1.36	22.7
	C_nH_m	0.091	0.45	4.50
	NO_2	9.08	9.08	3.62
	SO_2	16S*	16S*	16S*
燃油/(kg 污染物/m^3 油)	CO	0.05	0.238	0.238
	C_nH_m	0.381	0.238	0.357
	NO_2	12.47	8.57	8.57
	SO_2	20S*	20S*	20S*
	烟尘	1.20	渣油燃烧 2.73 蒸馏油燃烧 1.80	0.952
燃气/(kg 污染物/10^6m^3)	CO	—	6.30	6.30
	C_nH_m	—	—	—
	NO_2	6200	3400.46	1843.24
	SO_2	630	630	630
	烟尘	238.50	286.20	302.0

注：S* 表示煤中含硫量的指标。例如 16S*：相当排放出 SO_2 量是 16kgSO_2/t 煤（相当燃煤量的 1.6%）。

工业企业排放的污染物数量，可以根据一些经验公式（包括长期统计数据的分析）建方简单关系式：

$$Q_i = PC_i$$

式中　Q_i——i 种污染物的排放量，t；

P——某种产品的生产总量（或者使用能源总量），t；

C_i——i 种污染物的排放系数，即单位产品产量排放 i 种污染物的数量（或者单位能源使用量排放 i 种污染物的数量，t/t，参见表 5.3）。

电站锅炉、工业锅炉和居民采暖与炊事锅炉，燃煤、燃油与燃气所排放的污染物对大气污染十分严重，其中燃煤锅炉要比燃油锅炉和燃气锅炉排放的污染物更为严重。

5.2.2 灰霾天气

灰霾又称大气棕色云、大气灰霾，在中国气象局的《地面气象观测规范》中，灰霾被这样定义："大量极细微的干尘粒等均匀地浮游在空中，使水平能见度小于10km的空气普遍有混浊现象，使远处光亮物微带黄、红色，使黑暗物微带蓝色。"

灰霾作为一种自然现象，其形成有三方面因素。一是水平方向静风现象的增多。近年来随着城市建设的迅速发展，大楼越建越高，增大了地面摩擦系数，使风流经城区时明显减弱。静风现象增多，不利于大气污染物向城区外围扩展稀释，并容易在城区内积累高浓度污染。二是垂直方向的逆温现象。逆温层好比一个锅盖覆盖在城市上空，使城市上空出现了高空比低空气温更高的逆温现象。污染物在正常气候条件下，从气温高的低空向气温低的高空扩散，逐渐循环排放到大气中。但是逆温现象下，低空的气温反而更低，导致污染物停留，不能及时排放出去。三是悬浮颗粒物的增加。近些年来随着工业的发展，机动车辆的增多，污染物排放和城市悬浮物大量增加，直接导致了能见度降低，使得整个城市看起来灰蒙蒙一片。

2010年6月1日，中国气象局发布的《霾（灰霾）的观测和预报等级》正式实施，2010年6月13日，气象行业标准《霾（灰霾）的观测和预报等级》的名称更改为《霾的观测和预报等级》。霾这个与雾相似的天气过程，将被准确区分开。《霾的观测和预报等级》中，详细规定了霾的标准，即能见度低于10km，相对湿度小于95%时，排除降水、沙尘暴、扬沙、浮尘、烟雾、吹雪、雪暴等天气现象造成的视程障碍，就可判断为灰霾。

国家标准对于造成灰霾的主要四种大气成分（直径小于2.5μm的气溶胶质量浓度、直径小于1μm的气溶胶质量浓度、气溶胶散射系数、气溶胶吸收系数）也有规定，只要其中有一种充分指标超过限值，即使能见度大于10km，也是灰霾。灰霾的预报等级分为了轻微、轻度、中度、重度4级。

灰霾天气能造成严重危害：

一是影响身体健康。灰霾的组成成分非常复杂，包括数百种大气颗粒物。其中有害人类健康的主要是直径小于10μm的气溶胶粒子，如矿物颗粒物、海盐、硫酸盐、硝酸盐、有机气溶胶粒子等，它能直接进入并黏附在人体上下呼吸道和肺叶中。由于灰霾中的大气气溶胶大部分均可被人体呼吸道吸入，尤其是亚微米粒子会分别沉积于上、下呼吸道和肺泡中，引起鼻炎、支气管炎等病症，长期处于这种环境还会诱发肺癌。此外，由于太阳中的紫外线是人体合成维生素D的唯一途径，紫外线辐射的减弱直接导致小儿佝偻病高发。另外，紫外线是自然界杀灭大气微生物如细菌、病毒等的主要武器，灰霾天气导致近地层紫外线的减弱，易使空气中的传染性病菌的活性增强，传染病增多。

二是影响心理健康。灰霾天气容易让人产生悲观情绪，如不及时调节，很容易失控。

三是影响交通安全。出现灰霾天气时，室外能见度低，污染持续，交通阻塞，事故频发。

四是影响区域气候。使区域极端气候事件频繁，气象灾害连连。更令人担忧的是，灰霾还加快了城市遭受光化学烟雾污染的提前到来。光化学烟雾是一种淡蓝色的烟雾，汽车尾气和工厂废气里含大量氮氧化物和碳氢化合物（烃），这些气体在阳光和紫外线作用下，会发生光化学反应，产生光化学烟雾。它的主要成分是一系列氧化剂，如臭氧、醛类、酮等，毒性很大，对人体有强烈的刺激作用，严重时会使人出现呼吸困难、视力衰退、手足抽搐等现象。

灰霾中的大气气溶胶大部分可被人体呼吸吸入，特别是 PM2.5（细颗粒物），主要对呼吸系统和心血管系统造成伤害。

PM2.5 是指大气中直径小于或等于 2.5μm 的颗粒物，也称为可入肺颗粒物。虽然 PM2.5 只是地球大气成分中含量很少的组分，但它对空气质量和能见度等有重要的影响。PM2.5 产生的主要来源，是日常发电、工业生产、汽车尾气排放等过程中经过燃烧而排放的残留物，大多含有重金属等有毒物质。一般而言，粒径 2.5～10μm 的粗颗粒物主要来自道路扬尘等；2.5μm 以下的细颗粒物（PM2.5）则主要来自化石燃料的燃烧（如机动车尾气、燃煤）、挥发性有机物等。

气象专家和医学专家认为，由细颗粒物造成的灰霾天气对人体健康的危害甚至要比沙尘暴更大。粒径 10μm 以上的颗粒物，会被挡在人的鼻子外面；粒径在 2.5～10μm 之间的颗粒物，能够进入上呼吸道，但部分可通过痰液等排出体外，另外也会被鼻腔内部的绒毛阻挡，对人体健康危害相对较小；而粒径在 2.5μm 以下的细颗粒物，直径相当于人类头发的 1/10 大小，不易被阻挡。被吸入人体后会直接进入支气管，干扰肺部的气体交换，引发包括哮喘、支气管炎和心血管病等方面的疾病。

2012 年 2 月 29 日中国发布新修订的《环境空气质量标准》。历时 4 年修改后，PM2.5 终于写入“国标”，纳入各省市强制监测范畴。PM2.5 首次成为中国气象部门霾预警指标，此次修订将霾预警分为黄色、橙色、红色三级，分别对应中度霾、重度霾和极重霾，反映了空气污染的不同状况。在预警级别的划分中，首次将反映空气质量的 PM2.5 浓度与大气能见度、相对湿度等气象要素并列为预警分级的重要指标，使霾预警不仅仅反映大气视程条件变化，更体现了空气污染或大气成分的状态。

5.2.3 荒漠化加剧

1992 年联合国环境与发展大会这样定义：“荒漠化是由于气候变化和人类不合理的经济活动等因素使干旱、半干旱和具有干旱灾害的半湿润地区的土地发生退化。”土地开垦成农田以后，生态环境就发生了根本的变化，稀疏的作物遮挡不住暴雨对土壤颗粒的冲击；缺少植被而裸露的地表凭日晒风吹，不断地损失掉它的水分和肥沃的表层细土；单调的作物又吸收走了土壤中的某些无机和有机肥料，并随收获被带出土壤生态系统以外，年复一年，不断减少着土壤的肥力，导致土壤品质恶化，于是水土流失便加速进行。

土地荒漠化是全球性的环境灾害，它已影响到世界六大洲的 100 多个国家和地区，全球约有 1/6 的人口生活在这些地区。目前，全球荒漠化的面积已经达 3600 万平方公里，占整个地球陆地面积的 1/4，全世界受荒漠化影响的国家有 100 多个，约 9 亿人受到荒漠化的摧残影响和威胁。全世界每年因荒漠化而遭受的损失达 420 亿美元。

图片来源：http：//research. iae. ac. cn/web/showarticle. asp? articleid=775

我国是世界上沙漠面积较大、分布较广、荒漠化危害严重的国家之一。沙漠、戈壁及沙化土地总面积为 168.9 万平方公里，占国土面积的 17.6%。除西北、华北和东北的 12 块沙漠和沙地外，在豫东、豫北平原，在唐山、北京周围，北回归线一带还分布着大片的风沙化的土地。近 30 年来沙化土地平均每年以 $2460km^2$ 的速度在扩展。中国每年因荒漠化危害造成的损失高达 540

亿元。

在中国因风蚀形成的荒漠化土地面积已超出全国耕地的总和。由于水土流失，中国每年流失土壤达50多亿吨，使土地资源遭受严重破坏。在我国，直接受荒漠化危害影响的人口约5000多万人。西北、华北北部、东北西部地区每年约有2亿亩农田遭受风沙灾害，粮食产量低而不稳定；有15亿亩草场由于荒漠化造成严重退化；有数以千计的水利工程设施因受风沙侵袭排灌效能减弱。

根据统计，全国荒漠化土地面积262.4万平方公里，土地沙化面积173.1万平方公里。全国有4亿人口受荒漠化、沙化威胁，贫困人口一半生活在这些地区。

荒漠化的发生、发展和社会经济有着密切的关系。人类不合理的经济活动不仅是荒漠化的主要原因，反过来人类又是它的直接受害者。

森林的过度砍伐，也是荒漠化形成的重要原因。黄河中游的黄土高原，本是茂密的森林，人类的开发活动，使大面积的森林遭受破坏。缺乏森林保护的土地阻挡不住西伯利亚气候系统的侵蚀，形成了干旱、荒凉的黄土高坡，面临荒漠化的严重威胁。

森林对维系地球生态平衡、净化空气、涵养水源、保持水土、防风固沙、调节气候、吸尘灭菌、美化环境、消除噪声起着重要的不可替代的作用。现今，地球上仅存大约28亿公顷森林和12亿公顷稀疏林，占地球陆地面积的1/5；森林破坏的速度为每年1130万公顷。到20世纪末，地球上的森林面积已经减少到占地球陆地表面积的1/6。

森林锐减的事实足以让当代人清醒，明白人类原以为在用自己的双手开发资源，建设美好的家园，而往往实际上是破坏了自己的生存环境，断送了后代人的幸福的道理。实际上，这种后果已日益严重起来。复杂的生态结构受到破坏，导致自然生态进一步恶化。使气候发生变化，使地表截蓄径流能力减弱，加剧了风沙、洪水、冰雹、干旱等自然灾害。森林面积缩小使生活在其中的野生动物失去了适宜的生活环境，使2.5万种物种面临灭绝的威胁。森林破坏造成对环境质量的恶化。

中国历史上曾是个森林资源丰富的国家，但经历代的砍伐破坏已成为一个典型的少林国家，森林覆盖率和人均占有量居世界后列。据1996年国家统计结果，我国森林面积为12863万公顷，覆盖率13.39%，远低于世界平均水平(1987年为31.1%)，人均林地面积不足0.114公顷，只有世界平均水平的14.2%，人均占有森林蓄积量8.3m^3，只有世界平均水平的13.7%。

森林锐减主要原因是人口的压力，1995年世界人口已达57亿，其中75%

以上集中在不发达的第三世界国家。他们的主要问题仍然是粮食和能源。为了有吃、有穿、有住、有柴烧，他们不得不向森林索取，毁林开荒，伐木为薪，致使大片的森林以惊人的速度消失。

森林锐减的第二位原因是滥伐树木。人类开始大规模地利用热带木材是最近20～30年的事。发达国家近20年来热带木材进口量增加了16倍，占世界木材、纸浆供给量的10%。发达国家为了保护自己国内的木材资源转向发展中国家索取。欧洲国家从非洲，美国从中南美洲，日本从东南亚进口木材。日本是一次性筷子的发明专利占有者。为了生产这种筷子，日本将目光转向东南亚和中国。日本政府不许用其本国林木资源生产一次性筷子，却在我国东北、华北林区合资兴建了数十家筷子工厂，大张旗鼓地进行生产而后返销日本，仅1996年一年，我国就向日本出口了200亿双一次性筷子！日本政府将用过的一次性筷子统一回收，制成上好的木浆纸出口，收回成本、赚取外汇。这是何等的精明啊！要知道，日本的森林覆盖率是65%，而我国只有13%，在全世界近200个国家和地区中，我国仅居第121位。占世界人口3/4的发展中国家，虽然拥有木材资源的50%以上，但木制品的消费量却只占14%。日本每人每年仅纸张一项所消耗的木材量，就相当于发展中国家每户居民作为燃料的消费量。

毁林烧柴是森林锐减的第三位原因。人类燃薪煮食取暖所使用的能量超过由水电站或核电站所产生的能量，根据联合国环境规划署的统计，人们为了煮食和取暖，每年要砍伐烧毁的林区达2.2万平方公里。而木柴中大部分能量均被浪费掉了。

另外，火灾频繁、病虫危害也是森林锐减的一个原因。

5.2.4 生物多样性减少

由于工业化和城市化的发展、能源的大量利用占用了大面积土地，破坏了大量天然植被，造成了土壤、水和空气污染，危害了森林，特别是对相对封闭的水生生态系统带来毁灭性影响；另外由于全球变暖，导致气候形态在比较短的时间内发生较大变化，使自然生态系统无法适应，可能改变生物群落的边界。

人类的生存离不开其他生物。地球上多种多样的植物、动物和微生物为人类提供了不可缺少的食物、纤维、木材、药物和工业原料。它们与其物理环境之间相互作用所形成的生态系统，调节着地球上的能量流动，保证了物质循环，从而影响着大气构成，决定着土壤性质，控制着水文状况，构成了人类生存和发展所依赖的生命保障系统。物种的灭绝和遗传多样性的丧失，将使生物多样性不断减少，逐渐瓦解人类生存的基础。

生物多样性是一个地区内基因、物种和生态系统多样性的总和，分成相应的 3 个层次，即基因、物种和生态系统。基因或遗传多样性是指种内基因的变化，包括同种的显著不同的种群（如水稻的不同品种）和同一种群内的遗传变异。物种多样性是指一个地区内物种的变化。生态系统多样性是指群落和生态系统的变化。目前国际上讨论最多的是物种的多样性。科学家估计地球上大约有 1400 万种物种，其中有 170 万种经过科学描述。对研究较多的生物类群来说，从极地到赤道，物种的丰富程度呈增加趋势。其中热带雨林几乎包含了世界一半以上的物种。

从当前来看，人类从野生的和驯化的生物物种中，得到了几乎全部食物、许多药物和工业原料与产品。就食物而言，据统计，地球上大约有 7 万～8 万种植物可以食用，其中可供大规模栽培的约有 150 多种，迄今被人类广泛利用的只有 20 多种，却已占世界粮食总产量的 90%。驯化的动植物物种基本上构成了世界农业生产的基础。野生物种方面，主要以野生物种为基础的渔业，1989 年向全世界提供了 1 亿吨食物。实际上，野生物种在全世界大部分地区仍是人们膳食的重要组成部分。就药物而言，近代化学制药业产生前，差不多所有的药品都来自动植物，今天直接以生物为原料的药物仍保持着重要的地位。在发展中国家，以动植物为主的传统医药仍是 80% 人口（超过 30 亿人）维持基本健康的基础。至于现代药品，在美国，所有处方中 1/4 的药品含有取自植物的有效成分，超过 3000 种抗生素都源于微生物。在美国，所有 20 种最畅销的药品中都含有从植物、微生物和动物中提取的化合物。就工业生产而言，纤维、木材、橡胶、造纸原料、天然淀粉、油脂等来自生物的产品仍是重要的工业原料。生物资源同样构成娱乐和旅游业的重要支柱。

在单个作物和牲畜种内发现的遗传多样性，同样具有重大的价值。在作物和牲畜与其害虫和疾病之间持续进行的斗争中，遗传多样性提供了维持物种活力的基础。目前，生物育种学家们已经培育出了许多优良的品种，但还不断需要在野生物种中寻找基因，用于改良和培育新的品种，提高和恢复它们的活力。杂交育种者和农场主同样依靠作物和牲畜的多样性，以增加产量和适应不断变化的环境。从 1930 年到 1980 年，美国差不多一半的农业收入应归功于植物杂交育种。遗传工程学将进一步增加遗传多样性，创造提高农业生产力的机会。

据专家们估计，从恐龙灭绝以来，当前地球上生物多样性损失的速度比历史上任何时候都快，鸟类和哺乳动物现在的灭绝速度或许是它们在未受干扰的自然界中的 100～1000 倍。在 1600～1950 年间，已知的鸟类和哺乳动物的灭绝速度增加了 4 倍。自 1600 年以来，大约有 113 种鸟类和 83 种哺乳动物已经消失。在1850～1950年间，鸟类和哺乳动物的灭绝速度平均每年一种。20世纪90年代初，联合国环境规划署首次评估生物多样性的一个结论是：在可以预见的未来，5%～20%的动植物种群可能受到灭绝的威胁。国际上其他一些研究也表明，如果目前的灭绝趋势继续下去，在下一个25年间，地球上每10年大约有5%～10%的物种将要消失。

从生态系统类型来看，最大规模的物种灭绝发生在热带森林，其中包括许多人们尚未调查和命名的物种。热带森林占地球物种的50%以上。据科学家估计，按照每年砍伐1700万公顷的速度，在今后30年内，物种极其丰富的热带森林可能要毁在当代人手里，大约5%～10%的热带森林物种可能面临灭绝。另外，世界范围内，同马来西亚面积差不多大小的温带雨林也消失了。整个北温带和北方地区，森林覆盖率并没有很大变化，但许多物种丰富的原始森林被次生林和人工林代替，许多物种濒临灭绝。总体来看，大陆上66%的陆生脊椎动物已成为濒危种和渐危种。海洋和淡水生态系统中的生物多样性也在不断丧失和严重退化，其中受到最严重冲击的是处于相对封闭环境中的淡水生态系统。同样，历史上受到灭绝威胁最大的是另一些处于封闭环境岛屿上的物种，岛屿上大约有74%的鸟类和哺乳动物灭绝了。目前岛屿上的物种依然处于高度濒危状态。在未来的几十年中，物种灭绝情况大多数将发生在岛屿和热带森林系统。

5.2.5 温室效应和全球气候变化

全球的地面平均温度约为15℃。可是，如果没有大气，根据地球获得的太阳热量和地球向宇宙空间放出的热量相等，地球的地面平均温度就应为－18℃。因此，这33℃的温差就是因为地球有大气，造成温室效应所导致。

世界上，宇宙中任何物体都辐射电磁波。物体温度越高，辐射的波长越短。太阳表面温度约6000K，它发射的电磁波长很短，称为太阳短波辐射（其中包括从紫到红的可见光）。地面在接受太阳短波辐射而增温的同时，也时时刻刻向外辐射电磁波而冷却。地球发射的电磁波长因为温度较低而较长，称为地面长波辐射。短波辐射和长波辐射在经过地球大气时的遭遇是不同的：大气对太阳短波辐射几乎是透明的，却强烈吸收地面长波辐射。大气在吸收地面长波辐射的同时，它自己也向外辐射波长更长的长波辐射（因为大气的温度比地面更低）。其中向下到达地面的部分称为逆辐射。地面接受逆辐射后就会升温，或者说大气对地面起到了保温作用。这就是温室效应原理。这种保温作用，很类似于种植花卉的暖房顶上的玻璃。

地球大气中起温室作用的气体主要有二氧化碳（CO_2）、甲烷、臭氧、一氧化二氮、氟利昂以及水汽等。正常大气中，CO_2 按体积计算大约是每100

万个大气单位中有280个单位的CO_2。许多常规能源如煤、石油、天然气在使用（燃烧）的过程中，产生的主要生成物为CO_2。随着基础能源的大量利用，大量的CO_2产生，而生态循环中用以化解CO_2的绿色植物链远远不能满足能源消耗所带来的CO_2的要求，这使得CO_2在大气中的含量不断增加，到1980年，每100万大气中CO_2的含量已经达到了340个单位。

由于大气的运动是全球性的，大气没有国界，因而大气污染所造成的危害都是共同的。厚厚的大气圈，好像地球的外衣，它保护和调节着地球的“体温”，使地球上大部分地区很少出现太热或太冷的气温。一般情况下，大气中进入一些有害物质，由于风吹、雨淋等作用，大气仍能保持清洁，这是大气的自净作用的缘故。但当进入大气的有害物质在数量上超过了大气的自净能力时，就会对各方面造成污染，这是大气污染。在大气人为污染源中，温室效应是全球性因空气污染而形成的环境问题。

由于温室效应，20世纪80年代全球出现了空前的高温。1982年冬，美国纽约创百年纪录，出现22℃的日最高气温。希腊雅典于1987年夏天持续出现46℃高温天气。1988年初夏，芬兰北极城罗瓦涅气温达35.2℃，成为欧洲当时最热的城市。我国1986～1990年连续5年出现暖冬。1988年武汉高温天气持续了25天。预计在21世纪30年代全球气温平均升高1.5～3℃，到21世纪末全球平均气温将增高2～5℃，增幅是一万年所从未有过的。不仅如此，“温室效应”被运用到大气气候的变化上来，并预言它能引起全球气候即将越来越暖，只是近30年的事。温室效应破坏了地球热交换的平衡，使得地球的平均温度增加了上升的幅度。据美国气象学会公报发表资料，有人做过估算，到2050年，大气中的二氧化碳将增加一倍，引起的温室效应能使地球上的平均温度增加6℃左右，使海面上升20～140cm。

另外，全球变暖会影响整个水循环过程，可能使蒸发加大，可能改变区域降水量和降水分布格局，增加降水极端异常事件的发生，导致洪涝、干旱灾害的频次和强度增加，使地表径流发生变化。预测到2050年，高纬和东南亚地区径流将增加，中亚、地中海地区、南非、澳大利亚是减少的趋势。对我国而言，七大流域天然年径流量整体上呈减少趋势。长江及其以南地区年径流量变幅较小；淮河及其以北地区变幅最大，以辽河流域增幅最大，黄河上游次之，松花江最小。全球变暖使我国各流域年平均蒸发增大，其中黄河及内陆河地区的蒸发量将可能增大15%左右。

尽管由气候变化引起的缺水量小于人口增长及经济发展引起的缺水量，但在干旱年份气候变化引起的缺水量将大大加剧我国华北、西北等地区的缺水形势，并对这些地区的社会经济发展产生严重影响，全球变暖对农业灌溉用水的影响远远大于对工业用水和生活用水的影响。

全球变暖可能增强全球水文循环，使平均降水量增加，蒸发量也会增大，这可能意味着未来旱涝等灾害的出现频率会增加。由于蒸发量加大，河水流量趋于减少，可能会加重河流原有的污染程度，特别是在枯水季节。河水温度的上升也会促进河流里污染物沉积、废弃物分解，进而使水质下降。对年平均流量明显增加的河流，水质可能会有所好转。

许多通过昆虫、食物和水传播的传染病，如疟疾等对气候变化非常敏感。全球变暖后，疟疾和登革热的传播范围将增加。气候变化可通过各种渠道对人体产生直接影响，使人的精神、免疫力和疾病抵抗力受到影响。

气温变化与死亡率有密切关系，在美国、德国，当有热浪袭击时总体死亡率呈上升趋势。全球变暖可使高温热浪增加。全球变暖对人类健康造成的不利影响在贫穷地区更严重。温室效应带来的气候变化可能带来许多不利的影响，如：大部分热带、亚热带区和多数中纬度地区普遍存在作物减产的可能；对许多缺水地区的居民来说，水的有效利用降低，特别是亚热带区；受到传染性疾病影响的人口数量增加，热死亡人数也将增加；大暴雨事件和海平面升高引起的洪涝，将危及许多低洼和沿海居住区；由于夏季高温而导致用于降温的能源消耗增加。

专栏 5.4：UNFCCC、KP 与 CDM

《联合国气候变化框架公约》(UNFCCC)

1992 年 6 月，联合国环境与发展大会（地球峰会）在巴西里约热内卢召开，大会提交并签署了《联合国气候变化框架公约》。1994 年 3 月，《联合国气候变化框架公约》正式生效。公约确定的“最终目标”是把大气中的温室气体浓度稳定在一个安全水平。这个安全水平，尽管公约没有予以量化界定，但必须在某个时限内实现，并低到足够使生态系统自然适应全球气候变化；确保粮食生产不受威胁；以及使经济发展能够以可持续的方式继续下去。为了达到这一目标，所有的国家都有一个一般性义务：应对气候变化；采取措施适应气候变化的影响；并提交执行框架公约的国家行动报告。至 2001 年 12 月，《联合国气候变化框架公约》已经收到了 186 个国家和区域一体化组织的正式批准文件。

框架公约将全球各国分成两组：附件Ⅰ国家，即那些对气候变化负有历史责任的工业化国家；非附件Ⅰ国家，主要由发展中国家构成。公约根据公平原则以及“共同但有区别的责任”原则要求附件Ⅰ国家首先采取行动，在 2000 年底以前将温室气体排放量降低到本国 1990 年的排放水平。附件Ⅰ国家还必须定期提交“国家信息通报”，在报告中详细阐述本国的气候变化政策和规划，以及本国温室气体排放的年度清单报告。

《京都议定书》（KP）

《京都议定书》在1997年12月正式通过，《京都议定书》为38个工业化国家（其中包括11个中东欧国家）规定了具有法律约束力的限排义务，即这38个工业化国家在2008～2012年的承诺期内，把他们的温室气体排放量从1990年排放水平平均降低大约5.2%。

限排的目标覆盖6种主要的温室气体：二氧化碳、甲烷、一氧化二氮、氢氟碳化物、全氟化碳以及六氟化硫。《京都议定书》还允许这些国家自由组合选取这6种温室气体，规划它们的国家减排策略。限排的目标还包括一些土地利用变化和森林方面的活动项目，它们向大气中排放或者从大气中吸收二氧化碳，诸如森林采伐和再造林等。

为了制定《京都议定书》的详细实施规则，谈判在京都会议之后继续进行。虽然《京都议定书》为了帮助成员国实现其目标，确定了数种实施方式，但没有就细节进行详细阐述。经过四年多的讨论和谈判之后，2001年各国政府终于就如何执行《京都议定书》达成了比较全面的规则——《马拉喀什协定》。《马拉喀什协定》还试图为各国政府考虑批准《京都议定书》提供充足的透明度。

清洁发展机制（CDM）

《京都议定书》建立了三个合作机制，合作机制的设计目的在于帮助工业化国家（附件Ⅰ国家）通过在其他国家而不是本国以较低的成本获得减排量，从而降低附件Ⅰ国家实现其排放目标的成本。

① 国际排放贸易（IET）：允许附件Ⅰ国家之间相互转让它们的部分“容许的排放量”（“排放配额单位”）。

② 联合履行机制（JI）：允许附件Ⅰ国家从其在其他工业化国家的投资项目产生的减排量中获取减排信用，实际结果相当于工业化国家之间转让了同等量的“减排单位。

③ 清洁发展机制（CDM）：允许附件Ⅰ国家的投资者从其在发展中国家实施的、并有利于发展中国家可持续发展的减排项目中获取“经核证的减排量”（CER）。

这些合作机制给予了附件Ⅰ国家及其私人经济实体在世界上任何地方——只要减排成本最低——实施温室气体减排项目的选择机会，而这些产生的减排量可以用于抵减投资方国家的温室气体减排义务。

这些合作机制通过减排项目的全球配置能够刺激国际投资，并为全世界各个国家实现“更清洁”的经济发展提供了重要的实施手段。尤其是清洁发展机制，其目的在于通过促进工业化国家的政府机构以及商业组织对发展中国家的环境友好投资从而帮助发展中国家实现可持续发展。

通过清洁发展机制渠道筹集的资金必须有助于发展中国家实现它们的经济的、社会的、环境的，以及可持续发展的目标（诸如更清洁的空气和水资源、改善土地利用方式等）以及实现促进农村发展、就业、消除贫困、很多情况下降低发展中国家对矿物燃料的进口依存度等伴随的社会效益。除了能促进对发展中国家的绿色投资优先权之外，清洁发展机制还为人类在气候变化、经济发展和地方性环境问题的解决上同时取得进展提供了新机遇。对于那些当务之急是必须解决更急迫的经济和社会发展要求的发展中国家而言，这些效益的前景为发展中国家积极参与 CDM 项目提供了强大的动力。

资料来源：中国新能源网。

5.2.6 核废料问题

核能作为一种新型、高效的能源已开始受到人们的关注。但由于核能本身的原因，在生产过程中会产生具有放射性的核废料。这些核废料会严重影响人的身体健康和污染环境。

目前全世界正在运行的核电站超过 440 座，一个标准核电站每年要产生约 $200m^3$ 低水平放射性废物和约 $70m^3$ 中水平放射性废物，另外还产生 $10m^3$ 的放射性很强的废燃料（称作“乏燃料”），这种“乏燃料”的放射性极强，但含有 97%的铀和钚，如果采用称作“后处理”的技术从“乏燃料”中提取铀和钚，提取过程中产生的高放射性废液经玻璃固化后可降至 $2.5m^3$。

放射性废物的优化管理和安全处置，是保证核能可持续发展的关键因素之一，也是保护人类赖以生存的环境的大问题。按废物处置要求，放射性废物可分为：放射性水平极低的免管废物；适于近地表处置（在地下 5～10m 处处置）的短寿命中低水平放射性废物；必须进行地质处置（在地下 500～1000m 处处置）的长寿命中低水平放射性废物和高水平放射性废物。

根据国际原子能机构提供的数据，全世界各地的中低放废物近地表处置场有 72 个正在运行，其中美国 8 个，分布在田纳西、新墨西哥、华盛顿和佐治亚等州；俄罗斯 14 个；乌克兰 5 个；印度 6 个；瑞典 5 个；捷克 3 个；南非 2 个；英国 2 个；法国 1 个；德国 1 个；日本 1 个。在各国建造的中低放废物近地表处置场中，早期多采用简单埋藏方式，现在多数采用工程屏障，以确保废物处置的安全性。例如，位于大亚湾核电站附近的我国华南处置场，就采用了工程屏障，处置场由多个混凝土处置单元组成，处置单元装满废物包装后，用水泥沙浆充填空隙，再用钢筋混凝土封填。所有处置单元封盖后，上面再覆盖厚度为5m的多层防水材料。处置单元底部设置排水管网，以排除处置场运行期间处置单元内积水，并在处置场关闭后，实施对处置场完整性的监督。

5.3 各种能源的开发利用对环境的影响

5.3.1 化石燃料

由于化石燃料是目前世界一次能源的主要部分，其开采、燃烧、耗用等方面的数量都很大，从而对环境的影响也令人关注。

就以燃煤而论，开采时要挖出相当多的废碎石，还有矸石，我国约占采煤量的10%，已占地1300km^2。矸石中的硫化物缓慢氧化发热，如散热不良或未隔绝空气就会自然，目前有9%的矸石堆正在自然，释出二氧化碳、二氧化硫及其他有害物质。为防止矿井中“瓦斯”积累爆炸，就要排风，排出大量甲烷（瓦斯）及氡。近代已有先从煤层中抽出甲烷加以利用的技术，我国的利用率约7%，现在每吨煤排瓦斯4m^3。开采多须抽水，每吨煤约1.5t水。矿井水多受到矸石煤及其中杂质的污染。挖出的煤与石也能污染地面水。2010年，矿井水排放量54亿立方米，矿井开采造成的地面塌陷面积已达114万公顷；开采排入大气的甲烷约300亿立方米。

以上除甲烷与自燃外，其他采掘业也有类似问题，但为产生同等的能量铀的采掘量就小得多，不过其尾矿释氡需作专门处理。

煤矿可能伴生硫、砷、铬、镉、铅、汞、磷、氟、氯、硒、铍、锰、镍及镭、铀、钍等元素与苯并芘之类的有机物。燃烧中进入气灰或渣，有的部分分解。排气中主要是二氧化碳也有些一氧化碳，燃料中的硫大部分化作二氧化硫，对酸雨作出贡献。煤炭燃烧利用过程中产生包括燃料中氮化物和空气中的氮被氧化形成的氮氧化物，炉温愈高，氮氧化物愈多。每吨煤有13kg的烟尘，还有氡也随气体排出。有些场合如炼焦还会排出苯并芘。由于燃烧用去了大部分碳，灰渣中杂质的浓度将增高很多倍，经过煅烧与粉碎，有害物质可能变为更容易进入水或空气的形态如任意堆放或弃入水体，将增加环境负担，以至火电站释出的放射性物质都比核电站多。

2009年，全国电厂粉煤灰产生量达3.75亿吨，已成为最大的工业固体废物污染源。估计每年有2.5万吨镉、铬、砷、汞、铅随粉煤灰排入自然环境中，这5种重金属可能导致神经系统损伤、出生缺陷甚至癌症。

采油，尤其是注水采油，也会影响地面升降。所注水可能在地下受到污染，有时甚至有少量放射性物质聚集在采油管道的某些部位。采炼中为了安全，“放天灯”烧掉废气，有的还有浓烟，有一定环境影响。储运中的燃爆与泄漏可引起严重环境污染，几次海上漏油事故不仅污染海滩还危及海洋生物。油罐车损坏，油流入下水道引起多处火警的事也发生过。

天然气除燃烧产物外，还有使用与传输中甲烷的损失与泄漏。其中还有一些氡随之进入室内。

5.3.2 水力发电

水库建造的过程与建成之后，对环境的影响主要包括以下几个方面。

自然方面：巨大的水库可能引起地表的活动，甚至有可能诱发地震。此外，还会引起流域水文上的改变，如下游水位降低或来自上游的泥沙减少等。水库建成后，由于蒸发量大，气候凉爽且较稳定，降雨量减少。

生物方面：对陆生动物而言，水库建成后，可能会造成大量的野生动植物被淹没死亡，甚至全部灭绝。对水生动物而言，由于上游生态环境的改变，会使鱼类受到影响，导致灭绝或种群数量减少。同时，由于上游水域面积的扩大，使某些生物（如钉螺）的栖息地点增加，为一些地区性疾病（如血吸虫病）的蔓延创造了条件。

物理化学性质方面：流入和流出水库的水在颜色和气味等物理化学性质方面发生改变，而且水库中各层水的密度、温度甚至熔解氧等有所不同。深层水的水温低，而且沉积库底的有机物不能充分氧化而处于厌氧分解，水体的二氧化碳含量明显增加。

社会经济方面：修建水库可以防洪、发电，也可以改善水的供应和管理，增加农田灌溉，但同时亦有不利之处。如受淹地区城市搬迁、农村移民安置会对社会结构、地区经济发展等产生影响。如果整体、全局计划不周，社会生产和人民生活安排不当，还会引起一系列的社会问题。另外，自然景观和文物古迹的淹没与破坏，更是文化和经济上的一大损失。应当事先制定保护规划和落实保护措施。

5.3.3 新能源与可再生能源

生物质燃料原属再生能源，金属元素很少，但在较差的炉灶中燃烧，易生成一氧化碳、烟及有机化合物。如果烟囱排烟能力差或处于严寒地带室内换气不良，室内有害物质可达很高浓度，发展中国家农舍中远高于世界卫生组织规定，而发达国家居室中浓度就低得多。使用沼气不仅方便，而且可制造农家肥，比较有利。

太阳能热水器、太阳灶等低级利用，作为节约生活燃料的辅助手段，是很有效的。集热热机发电，主要技术是成熟的，除需排出余热与占地面积较大外，未见重要环境问题。太阳能电池，制造中会有一些有害物质，使用时似无特殊困难。在人造地球卫星上业已成功使用。在地面上主要是造价与寿命的问题和与储能设备配套的问题。

帆船早已利用了风力。在风能条件好的地区风力提水，也是节省燃料的补充能源。风力发电也很有前途。联入供电网或配以储能装置可降低风力不稳的影响。此类设备应有小风能发电，大风吹不坏的自控能力。

地热利用中，温泉水中会溶有石中的有害物质，特别是高温温泉流出后，随温度与成分的变化，可能集聚在水流或系统的某些部位。氡是其中一项，有的温泉浴室确实氡浓度偏高。地热发电目前效率不高，而且特殊地点才适用，它也会带出地下有害物质，如循环注水当可缓减此弊。

其他可再生能源，尚在开发中，有的已知环境影响不大，有的因地而异，有的尚待研究，兹不列举。

5.3.4　电力

各种能源中电力是控制方便易于传输的。用燃料或核能经热机发电，热效率是有限的，总有相当发电量的一倍到两倍多的热能要就地耗散，可用冷却塔或传给水体。冬季可能利用余热，夏季就会成为热污染。水体的温升应严格限制以防发生有害生态影响。输电效率高，但也要防止使人受到过强的电磁场，电晕放电产生离子也会有不良效应。配送电用的电力电容器含多氯联苯，包裹蒸汽管道用的石棉，退役不用时如不妥善处置也会造成严重污染。

5.4　我国能源环境问题

我国能源与环境发展的总体格局是：能源工业的发展以煤炭为基础，以电力为中心，大力发展水电，积极开发石油、天然气、核电，因地制宜开发新能源和可再生能源，依靠科学进步，提高能源效率，合理利用能源资源，加强对少污染煤炭的开采利用、对传统煤炭的开采利用，向环境无害化方向转变，以减少环境污染。

从能源结构上可以看出，我国能源环境问题与世界主要国家的主要问题有一定差别。其根本在于石油使用导致的污染与煤炭导致的污染的主要差别。我国能源利用所导致的主要环境问题是：煤炭开采运输污染，燃煤造成的城市大气污染和农村过度消耗生物质能引起的生态破坏，还有日益严重的车辆尾气的污染等。

5.4.1　能源与资源利用率低导致的环境问题

我国能源从开采、加工与转换、贮运以及终端利用的能源系统总效率很低，不到 10%，只有欧洲地区的一半。国际通常定义的能源效率约为36%，比世界先进水平低约 10 个百分点。我国能源强度远高于世界平均水平，2010 年我国 GDP 能耗（kgce/美元）为 0.59，工业发达国家平均为 0.36。2010 年，我国供电煤耗为 335gce/(kW·h)，约比世界先进水平高 20gce/(kW·h)。

我国经济增长是在大量消耗资源的基础上的，而国内的能源资源情况让我们在面对惊人的消费增长速度时捉襟见肘。例如，1990 年中国成品钢材消耗量仅为 6600 多万吨，2010 年，中国的钢材消费量已经达到大约 6.4 亿吨，30 年增长了 10 倍，约占世界总消费量的 50%；水泥消费约 18 亿吨，为世界第一；电力消费已经超过日本和美国，跃居世界第一位，仅低于美国。未来一个时期，中国的产业结构仍然处于重化工主导的阶段，高能耗、高污染产业仍然具有高需求。

我国仍然处于粗放型增长阶段，能源利用率很低。例如，以单位 GDP 产出能耗表征的能源利用效率，我国与发达国家差距非常大。以日本为 1，欧盟为 1.2，美国为 1.7，而我国高达 4.5。

从资源再生化角度看，我国资源重复利用率远低于发达国家。例如，尽管我国人均水资源拥有量仅为世界平均水平的 1/4，但水资源循环利用率比发达国家低 50%以上。资源再生利用率也普遍较低。我国即将进入汽车社会，大量废旧轮胎形成环境污染不断上升。而我国的废旧轮胎再生利用率远低于发达国家。

5.4.2 以煤炭为主的能源结构及其影响

我国能源工业发展较快，已经成为世界第一大能源生产大国。我国是世界上以煤炭为主的少数国家之一，与当前世界能源消费以油气燃料为主的大部分国家的基本趋势和特征有区别，2011 年我国一次能源的消费构成为：煤炭占 68.4%，石油占 18.6%，天然气占 4.5%。煤炭高效、洁净利用的难度远比油、气燃料大得多。而且我国还有大量煤炭是直接燃烧使用，2009 年我国用于工业锅炉、窑炉、炊事和采暖的煤炭占 51%，用于发电或热电联产的煤炭只有 49%，而后者在美国的比例为 93%。

对环境的影响最典型的是煤炭开采，包括开采对土地的损害、对村庄的损害和对水资源的影响。据不完全统计，迄今为止平均每开采 1 万吨煤炭塌陷农田 0.2hm^2，平均每年塌陷 2 万公顷。采空区还会塌陷（平面区为每吨煤 2m^2）。至今在产煤区土建施工时还会遇到不知何朝代挖开的小坑道，需要填埋补救。

2010 年，全国煤矸石排放量 6.4 亿吨，综合利用率仅为 60.9%，煤矸石堆存量约 55 亿吨，占地 1.8 万公顷。堆存的煤矸石污染大气、水体和土壤。矸石自燃和缓慢氧化每年排放 SO_2 约 100 万吨。

燃料燃烧导致温室气体排放的增加、空气污染。燃料（煤、石油、天然气等）的燃烧过程是向大气输送污染物的重要发生源。煤是主要的工业和民用燃料，它的主要成分是碳，还含有氢、氧及少量的硫、氮及金属化合物。燃烧时除产生大量尘埃外，在燃烧过程中还会形成一氧化碳、二氧化碳、硫氧化物（SO_2、少量 SO_3）、氮氧化物（NO、NO_2）、烃类有机物等有害物质。其中一部分属于不完全燃烧产物如一氧化碳、碳粒等。另一部分则属于完全燃烧产物如二氧化碳、二氧化硫等。由燃烧排放到大气的污染物的数量是相当可观的。

我国是世界上少数几个污染物排放量大的国家之一，根据历年的资料估算，燃烧过程产生的大气污染物约占大气污染物总量的 70%，其中燃煤排放量则占整个燃烧排放量的 96%。

据计算，2010 年全国 70% 的烟尘、85% 的 SO_2、67% 的 NO_x、80% 的 CO_2 来自煤炭燃烧。

我国大气环境质量的突出问题是以尘和二氧化硫为代表的煤烟型污染，其规律是北方重于南方，产煤区重于非产煤区，冬重于夏。从全国五十多个城市内大气监测分析，我国大气中颗粒物污染具有普遍性，且污染较重。颗粒物全年日平均浓度北方城市为 0.93mg/m^3，多数超过国家三级标准（0.50mg/m^3）；南方城市 0.41mg/m^3，一般接近或超过二级标准（0.30mg/m^3）。与国外相比，污染水平超过数倍，这种情况与我国能源结构有直接关系。我国在今后相当长时间内的能源结构仍以煤为主，大气颗粒物不仅本身和携带多种无机和有机污染物会产生严重污染，而且它还是引起多种大气二次污染现象（如酸雨）的重要媒介。

5.4.3　生物质能的利用与生态的破坏

生物质能是中国广大农村能源的主要来源，以薪柴为主，秸秆等农作物为辅。还有部分农村日常生活中，植物根茎和木柴等生物质是主要的燃料。我国生物质能资源主要包括薪材、秸秆、畜类和垃圾。

① 薪材通常指薪炭林产出的薪柴和用材林的树根、枝丫及木材工业的下脚料，但由于我国一些地区农民燃料短缺，专门用作燃料的薪炭林太少，所以常用材林充抵生活燃料，这就属于“过耗”，20 世纪 90 年代末，我国每年消耗薪材约为 2.1 亿立方米，折 1.2 亿吨标准煤，其中过耗约 0.2～0.3 亿吨标准煤。近年过耗现象已趋减少。

② 秸秆在我国每年有 6 亿吨实物量，用于燃料的占 25%～30%，折 0.75

亿吨标准煤。近年由于农村居民收入增加，改用优质资料（液化气、电炊、沼气、型煤）的家庭达 6000 多万户，各地均出现收获后在田边地头放火烧秸秆的现象，造成资源浪费、环境污染、妨碍正常交通等严重问题。

③ 牲畜粪便。除青藏一带牧民用其直接燃烧（炊事、取暖）外，更多的是将这种生物质资源制作有机肥料，或经厌氧发酵取得沼气（能源）后再作有机肥料。我国每年饲养牛约 1.1 亿头，生猪 4.5 亿头，可收集利用的畜粪约为 8.2～8.4 亿吨，折 7000 多万吨标准煤。但这是理论数字，实际可得到的能源量不会这么理想。

④ 将垃圾视为生物质能源，是因为中国的生活垃圾均约有 1/3 是有机物（厨房剩余物、纸品、草木纤维等），无机物（炉灰、塑料、玻璃、金属等）将随着我国城市化率、煤气供应率和集中供暖率的上升而减少，城市垃圾的有机质比重将迅速上升。据环卫部门估计，我国城市生活垃圾总量约 1.5 亿吨。因此现在我国每年作为燃料消耗的生物质资源约 2 亿吨标准煤。

目前，全国仍有 60％的农村居民的生活用能主要采用柴草（薪柴和秸秆），烧柴炉灶造成的室内烟尘污染每年导致 30 万人早亡，呼吸系统疾病是农村居民疾病死亡的主因，2005 年全国农村居民呼吸系统疾病死亡率居主要疾病死亡率的首位，2010 年死亡率达 137.98 人/10 万人，继脑血管、恶性肿瘤、心脏病之后居主要疾病死亡率的第 4 位。

在许多生物质资源和水资源极度匮乏地区，农牧民的生活燃料一天也不可缺少，因此就出现了这样的过程：树砍光了就割草当柴烧，草割光了就挖树根、草根，寻找一切可燃物做饭。对农牧民来说这已是一种困窘和无奈；对国家来说，广大沙漠边缘地区、荒漠化地带，植被就这样被“连根拔掉”了。内蒙古西部的阿拉善旗，其面积比浙江省还大，近 10 年来由于弱水河断流，加之人为过度使用草场，致使域内著名的居延海干涸，草原变为荒漠，风吹沙扬，多次沙尘暴的源头就在那里。

中国许多主要林区，森林面积大幅度减少，昔日郁郁葱葱的林海已一去不复返。全国森林采伐量和消耗量远远超过林木生长量。若按目前的消耗水平，绝大多数国营森工企业将面临无成熟林可采的局面。森林赤字是最典型的生态赤字，当代人已经过早、过多地消耗了后代人应享用的森林资源。近 20 多年来，我国森林覆盖率虽然逐年增加，但同期林地单位面积蓄积量却在下降；生态功能较好的近熟林、成熟林、过熟林不足 30％。我国 90％的草地存在不同程度的退化，沙化土地发展年速度由 20 世纪 80 年代中期的 2100km^2 发展至 90 年代末的 3436km^2，水土流失面积大。

5.4.4 汽车交通的能源环境问题

随着我国经济的快速发展和城市规模的不断扩大，以及人民生活水平的不断提高，我国机动车保有量在过去的几十年里呈现出快速增长的趋势。从1978年到2010年的32年间，全国机动车保有量从136万辆增长到近8000万辆（摩托车、低速载货车和低速电动车等），年平均增长率为14%，特别是2000年以后增速更高，年平均增长率达17%。然而，机动车数量的快速增长，为人们的生活带来了便利，提高了人们的生活质量，但同时也带来了严重的能源环境问题。

由于我国机动车污染控制水平普遍较低，交通基础设施建设和规划管理发展都比较缓慢，机动车单车污染物排放因子普遍高于发达国家；同时由于城市交通密度和人口集中程度较高，机动车污染物排放密度和污染物浓度都比较高，造成的危害很大。

为了控制机动车污染，中国迅速完成了汽油无铅化进程，相继颁布并实施了新车排放标准。然而，由于中国机动车污染控制起步较晚，在用车中排放控制技术落后的车辆仍然占保有量中较大的比例，机动车的平均排放水平要远高于欧美发达国家。此外，配套的交通基础设施建设和交通规划管理水平未能与机动车保有量的高速增长保持同步发展，交通方式的结构组成不合理，造成目前许多大城市中心区许多主要道路长时间处于饱和状态，车辆平均行驶速度低，怠速比例高，加重了城市内的空气污染。

专栏5.5 机动车污染物对人体健康和环境的影响

机动车排放的主要污染物包括一氧化碳（CO）、碳氢化合物（HC）、氮氧化物（NO_x）、细颗粒物（PM2.5）等，这些污染物对人体健康会造成严重的危害。CO和HC是不完全燃烧的排放物，CO会降低人体血液的输氧能力，浓度低时会使人感到头疼、头晕，出现中毒；浓度高时可以致死。碳氢化合物中苯和多环芳烃物质目前被证明是致癌物质。NO_x，特别是NO_2是一种毒性很强的具有刺激性气味的红褐色气体，在浓度为百万分之五时就对人的呼吸系统和免疫系统有很大的危害。而PM2.5会通过呼吸沉积在人的肺部，从而加重呼吸系统疾病，并且由于表面经常吸附许多污染物而具有很大的危害性。机动车排放出的NO_x与HC会发生光化学反应产生低空臭氧和光化学烟雾，此外NO_x还是酸雨的重要来源，严重危害人类健康。机动车排放颗粒物中的炭黑（Black Carbon，BC）不仅会影响气候变化，还会导致能见度的降低。

资料来源：清华大学中国车用能源研究中心．中国车用能源展望．科学出版社，2012.

伴随着汽车排放污染物的增加，在大城市中，汽车交通排放对大气污染的分担率呈现出上升趋势。CO、HC 的分担率多数城市超过 50%以上，大城市甚至达 90%以上。在人群聚集程度最高的城市中心，机动车污染物的排放和浓度分担率达到 80%以上，而且机动车排放分担率有继续增大的趋势，这表明机动车排放污染物已是城市大气环境的主要污染源。

就全国来看，2006 年，我国机动车的 CO、NO_x 和 HC 排放量均占全国总排放量的 20%以上。目前，对气候和人体健康均有恶劣影响的炭黑（BC）得到全世界学术界和决策部门越来越多的关注，我国机动车的炭黑排放则占全国炭黑排放的 10%以上。

第 6 章

能源安全

6.1 能源安全从战争开始

6.1.1 能源——战争的焦点

能源是许多战争的焦点，尤其是石油。作为人类赖以生存的必不可少的能源，在根本目的在于改善生存环境、掠夺财富的战争中，总是扮演很重要的角色，并且在一定的情况下，甚至可以左右战争的进程甚至结果。

纵观战争历史及社会发展史，与能源争夺的相关的例子屡见不鲜。可以说，在一定意义上，战争史就是能源资源的争夺史。

尤其是近代以来，随着工业革命的开始，人类对资源的需求迅猛增长。对能源的需求加剧，这也是近代战争的一个起因所在。由美国作家丹尼尔耶金所著的报告文学《石油风云》生动地描述了 20 世纪的石油发展史，认为 20 世纪战争多为能源的争夺而引发的，而战争的胜负也在一定程度上取决于交战双方最终对能源的占有。能源作为一种商品与国家战略、全球政治和实力紧密地交织在一起。回顾 20 世纪中战争与能源的关系，不难发现，其中的紧密联系。

从日本开始，日本的工业革命起于 19 世纪中叶，明治维新后工业得到迅速发展，对能源的需求也不断扩张。在 19 世纪末，日本 1895 年侵华和 1905 年对俄战争，其胜利的战果和与中国的不平等条约，重要意义在于保证了这一地区“日本的生命线”。日本是一个能源缺少的国家，本土的能源远远不能满足生存的需要，中国满洲的大量可利用能源正是日本所需要的。

在第二次世界大战前，日本的液体燃料供应依靠美国，1940 年后，日本侵占东南亚各国，希望占有那里的石油资源，进而完成其侵华战争。1940 年 7 月 19 日，罗斯福指着一幅地图对他的高级顾问解释说，他天天坐在那里观看那幅地图，最终得出结论：要使世界摆脱困境的唯一办法是切断对侵略国家的供应。但罗斯福为了使美国海军能够顺利发展，并没有及时地对日本采取石油禁运，怕因此而过早地引发战争。日本设法从美国进口远远超出其正常用量的航空汽油。由于美国国内对日本的禁运呼声越来越高，到 8 月初，美国实际上不再向日本出口石油了。日本感到了压力和愤怒。提出“本帝国为了拯救自身，必须采取措施确保来自南洋的原料。”于是，在当年 12 月 1 日，日本攻击珍珠港，日美之间正式宣战。这也直接导致了太平洋战争的爆发，应当指出的是，据记载，柏林-罗马-东京轴心国联盟形成后，按照战略部署，日本应按照协定于德国进攻前苏联时，同时从中俄边境向西伯利亚方向进攻前苏联，以完成东西夹击前苏联，牵扯苏军远东兵力的目的。但日本从自身能源需要考虑，修改了战略部署，将主攻方向放在了相对能源较丰富的东南亚地区，这也直接导致了战争的格局发生变化。由于能源的需要，日本不得不过早地与美国宣战，这导致其大部分兵力被迫受牵制于东南亚及太平洋战场，因而无力在 1941 年进攻前苏联和巩固在中国的军事存在。这也直接导致了前苏联在西方面军全面溃败的时候，依然可以进行抵抗。左尔格及时将日本不会很快进攻前苏联的消息通知了斯大林，使得在莫斯科战役前夕，苏军可以调集其在西伯利亚的远东集团军主力，防守莫斯科，并以此获取了莫斯科战役的胜利，以及后来库尔斯克战役的胜利，两场胜利从根本上改变了第二次世界大战的战局。

和日本一样，英国也是一个能源匮乏的国家。所以英国早就意识到大力发展海军从海上获取能源的重要性。从 17 世纪开始，英国依靠其强大的海军，建立起漫长的能源补给线，创造了日不落帝国的神话。两次世界大战，保卫英国的海上补给线都成为英国赖以存亡的焦点。从 20 世纪 20 年代起，由于威尔士燃煤的产量减少，以及燃煤发动机的技术问题，英国被迫依靠遥远的波斯石油作为海军舰船燃料。于是第二次世界大战爆发时，德军用潜艇围困英军，给英国造成毁灭性的打击。在 1942 年，仅三个月，德军就击沉了 108 艘船只，被击沉的油轮数目几乎为新造油轮的四倍。到 1942 年 12 月中旬，英国船用燃料只够大约两个月的供应量。首相丘吉尔也感到“形势看来十分不妙”。英国总参谋长也说：“船运不足已制约所有进攻的行动；除非我们能够有效地与德国潜艇的威胁搏斗，我们也许无法赢得这场战争。”这导致了英美大西洋强大运输线的建立，并直接导致了美国世界地位的提升。

德国的地理位置处于欧洲的中心，在历史上德国也总是以一种特殊的姿态出现。德国不属于资源较丰富的国家，因此在一次次发动战争的背景下，其实质也是为了掠夺邻近国家丰富的资源。20 世纪 30 年代，希特勒上台后，加强了军备。由于石油等战略储备的不足，使德国在战争开始就把战略重心放在资源丰富的中、东欧国家。罗马尼亚的普什蒂油田是当时除前苏联以外的欧洲最大的石油产区。在第二次世界大战初期，希特勒就迫不及待地占领了这个重要的战争命脉。这也是一直到“第三帝国”覆灭时，德国最主要的能源中心。普什蒂油田在 1940 年为德国提供了高达总进口量 58% 的石油。也因此在第二次世界大战的五年中，这里成为双方重兵相接的中心。盟军显然了解其对德军的重要性。在 1942 年战略轰炸计划开始后，盟军在此投入了大量轰炸兵力。即使在轰炸机战损率高达 33% 的情况下依然坚持。保证在普什蒂油田的利益，进而占领巴库和其他高加索的油田丰富的石油资源也是希特勒在 1941 年不顾古德里安劝阻执意进攻前苏联的重要意义所在，也是其心目中俄国战役的中心。在俄国战役初期，希特勒就单独组织了兵力，南方集团军群，来负责重点攻打高加索。德军为能够迅速利用前苏联高加索巴库油田的战略资源，甚至准备了一万五千人的石油技术队伍，负责在占领俄国油田后恢复和管理这些油田。但是随着德军的主力在 1941 年秋在莫斯科战役中失利，他们永远也没有能达到真正占领高加索油田的战略目的。虽然在 1942 年 8 月德军一度占领了高加索石油中心西端的迈科普，但其产油量只占巴库油田的 1/10，而且苏军在撤离前已彻底破坏了油田的产油设备，致使德国到 1943 年 1 月在迈科普一天也只能生产 70 桶石油，远远不能达到其军队的需求。反倒是苏军依托高加索油田强大的石油储备后来居上最后完成逆转打败了德军。普什蒂油田的长期空袭导致减产以及占领高加索油田的战略意图的失败直接导致了德国在第二次世界大战后期，能源匮乏，无力组织大规模反攻，并最终导致了整个战争的失败。

1990 年 8 月，伊拉克入侵邻国科威特，其目的不仅是为了占领一个主权国家，达到其政治目的，更重要的是，借助于科威特丰富的石油资源，使伊拉克成为世界第一大产油国，进而成为阿拉伯世界和波斯湾的领头。而由于美国在波斯湾重要的石油利益，也使得美国不得不迅速做出反应。在 1991 年 1 月发动了代号为“沙漠风暴”的收复科威特的军事行动并最终迫使伊拉克军队撤出了科威特。美国之所以后来经济围困伊拉克近 10 年，并最终武力推翻了萨达姆政权，也是为了巩固自己在中东的霸权和石油利益。美国一年进口的石油为其年总石油消耗量的 43%，超过 29 亿桶，其中大部分来自中东。美国的一系列的外交、军事和经济政策也是因这种战略目标而制定的。

6.1.2 石油——战争的根源

有人说，“石油多的地方，战争就会多。”石油作为重要的战略物资，被誉为“黑金子”，它和国家的繁荣与安全紧密联系在一起。作为最重要的战略储备之一，石油和战争的关系密不可分。历史上牵涉到石油的战争更是举不胜举，特别是世界上石油最丰富的地区——中东，近几十年来战火不断。

由于世界上石油资源分布存在着严重的不均衡，而且石油是不可再生资源，数量有限，获得和控制足够的石油资源成为国家安全战略的重要目标之一。100 多年来，多次武装冲突和战争的背后都有石油问题，有的甚至就是因为争夺石油引发的“石油战争”。

第二次世界大战以后，美苏两个超级大国为了争夺战略资源，都瞄准了石油资源异常丰富的中东地区。前苏联的目的是扩大中东石油的进口，向中东产油国渗透。美国也针锋相对，扶持沙特阿拉伯等国，遏制前苏联的扩张。亚、非、拉等地区的石油争夺，成为美苏抗衡的重要内容。

1956 年爆发的第二次中东战争根源就在于石油。当时，英国等西欧国家对海湾石油严重依赖，大部分石油必须经苏伊士运河运输，而埃及总统纳赛尔却决定从英国手里收回苏伊士运河。为夺回运河，英法和以色列于当年 10 月 29 日对埃及开战，第二次中东战争爆发。阿拉伯国家给予埃及坚决支持，叙利亚、黎巴嫩和约旦切断了输油管道，沙特停止向英、法供应石油。石油供应中断给英、法的经济造成致命打击。

第二次世界大战后的中东更是很少太平过，其间爆发的战争更是和石油难分难舍。海湾地区的伊拉克、伊朗、沙特阿拉伯三雄鼎立，各自为了国家利益争夺中东地区的石油霸权。1980 年爆发的两伊战争，更是从起因到结束都与石油有关。

石油的战略价值在战争中得到了充分的体现，石油是战争机器运转的重要动力。有了石油，才使飞机实现全球机动，使战场空间从陆地延伸到海上、空中甚至外太空。从近几次的战争可以看出，美国的战机通过空中加油的方式，可以奔袭万里之外的战场，然后又不间断地返回美国本土。有了石油，才能使远洋舰只保持充足的动力，能够在远离基地的战场作战。有了石油提炼的燃料，才能使航天器送上太空，使在外层空间作战成为可能。石油使战争由陆地或海上的平面战争，发展成陆、海、空和外层空间同时进行的立体战争。

石油的使用，提高了军队作战的推进速度。第二次世界大战初期，德国就依靠自己的摩托化、机械化能力，编成突击集团，对波兰等国发动“闪电战”。近年来，随着科学技术的突飞猛进，石油的使用大大拓展了战场的攻击和防御纵深。地球上的各个角落都有可能遭到战略袭击，战略防御也将发展成为全国乃至全球防御。

比较而言，电力、煤炭都不可能做到这一点。电力必须依赖线缆才能实现传输，依照目前的技术水平，仅仅依靠蓄电池很难建立长程高效的动力系统。煤炭燃烧缓慢，而且需要大规模的燃烧空间，更是难以适应战争的灵敏性、机动性。

1991 年爆发的海湾战争和 2003 年爆发的伊拉克战争，战争的主题虽然是维护科威特主权和“反恐”，但是维护稳定的石油市场也是重要的因素之一。中东特别是海湾地区集中了全球石油储量的 2/3，可谓名副其实的“世界油库”。据 BP 公司统计，中东石油探明储量达 1082 亿吨，占全球 48.1%，其中沙特占 16.1%，伊朗 9.1%，伊拉克 8.7%，科威特 6.1%，阿联酋 5.9%。全球前 7 个石油储量最多的国家中上述 5 个都在中东。

中东也是世界重要的产油地和出口地，产量占全球的 1/3，出口量为全球的 36%。此外，中东石油的开采成本极低，一桶石油的成本仅需 1 个多美元，世界上其他地区无法比拟。储量上，目前世界其他许多产油地资源已呈现枯竭状态，而海湾石油的可采储量年限要比世界各地平均水平多 24 年。可以毫不夸张地说，中东是世界经济的“油箱”。

伊拉克战争结束后，有关伊拉克重建问题成为各国议论的焦点，其根本也在于能源。伊拉克石油储量居世界第五，当时日产约 200 万桶，而且石油开采成本极低，平均每桶不到 2 美元。

2001 年 9 月 11 日，美国本土遭到了最严重的一次恐怖袭击，这一事件震撼了整个世界。由于恐怖主义分子主要是来自中东的伊斯兰教徒，对美国的全球战略和石油安全造成了严重的挑战。美国对阿富汗塔利班和恐怖分子本·拉登发动了 21 世纪的第一场反恐怖战争。战争的起因、战争的目的及战争进程与石油有着密切的联系。

2001 年 10 月 7 日，美军发动了代号为“持久自由”的军事行动，对塔利班和本·拉登进行大规模军事打击，经过两个月的持续轰炸和特种作战，塔利班节节败退，12 月 7 日放弃了最后据点坎大哈，向阿富汗反塔联盟缴械投降。这一天也是日本偷袭美国珍珠港事件的 60 周年纪念日，同时也成了美国“世纪第一战”的获胜日。但美国的反恐怖战争还没有结束，阿富汗塔利班失败后，2003 年美国又发动了对伊战争，虽然从表面上其目的是推翻萨达姆政权，但实际上其战略目的却是控制伊拉克的石油资源。

6.1.3　美国在中东、中亚地区的战略目的

美国是世界第一大石油消费国和原油进口国，美国石油需求的一半以上依靠进口，年进口原油近 5 亿吨，占世界原油贸易量的近 1/5。美国政府为保证国内石油供应，制定相关能源战略。目标是保证石油供应安全，防止全球油气供应出现混乱和石油价格的大幅度波动。根据世界地缘政治的变化，营造有利的石油战略环境，加强国家石油战略储备，实现石油进口来源的多元化，在中东、中亚等石油生产的关键地区保持力量优势的同时，加强对美洲大陆石油资源的控制，采用先进技术，提高石油采收率，提高石油使用效率。扼制有损美

国石油利益的恐怖活动。一旦威慑失败，采用军事力量决定性地战胜敌人。

阿富汗战争的目的是什么？许多美国人都认为，战争的真正目的是为了夺取中亚的石油和天然气。美国《洛杉矶时报》曾有文章指出：美国打击阿富汗是为了对9.11事件进行报复，但是前石油商布什总统和切尼副总统一定很快就意识到，惩罚塔利班和本·拉登会向美国提供一个将地缘政治影响扩大到南亚和中亚的难得机会。位于中亚的里海盆地蕴藏着丰富的石油和天然气资源。在世界大国的石油争夺战中，海湾和中亚地区将成为焦点。

石油危机的阴影使美国开始调整其能源战略。美国的繁荣是建立在石油之上的繁荣，进入21世纪的第一年，为了保持美国的超级大国地位、经济的持续繁荣，有关部门纷纷提出美国的石油安全对策。美国对外关系委员会认为21世纪伊始，受种种因素影响，一场能源危机随时可能爆发，并且会不可避免地波及每个国家，能源的中断可能会严重影响美国和世界经济，并且会以种种显著的方式作用于美国的国家安全和对外政策。认为美国面临着能源供应方面的长期挑战和波动性很大的能源价格，能源政策对美国的经济和安全具有核心的重要性。而全球范围的经济增长和对更多石油的新的全球需求意味着一场石油供应危机的可能性，这样一场危机的后果将会比人们30年来所见过的更加严重。为了确保美国能源方面的未来，必须对美国的战略能源政策进行调整，着眼于制定一项能确保未来世代经济繁荣和国际安全的全面策略。

美国华盛顿战略和国际问题研究中心认为，海湾地区仍将是全球市场的关键石油供应商，亚洲对海湾石油的依赖将会大大增加，美国的石油进口量将继续稳步增长，里海石油将对全球的供应发挥更重要的作用。当今世界多数盛产石油地区面临着民族、宗教、领土矛盾和恐怖主义威胁，尤其是拥有全世界2/3石油资源的中东。在14个主要的石油出口国中，至少有10个在中短期内可能发生国内混乱。美国应当增加军事预算，提高军事能力，应对正在发生或即将发生的重大地缘政治变化，营造有利的石油战略环境保护美国石油供应的安全和可靠性。

1998年，时任世界最大的石油服务公司之一，美国哈里伯顿公司总裁的切尼曾说："我不能想象有一天会有一个地区在战略上突然变得像里海那样重要。"随着世界对石油和天然气资源需求的增长和储量的下降，里海油气的战略地位日益突出。近年来，各种国际力量围绕里海能源的开发展开了激烈的角逐。"世纪第一战"为美国扩大在中亚的影响，实现油气供给的多元化目标，为美国石油公司开发里海油气资源获取更大的利益，打开中亚的石油通道，确保美国在中亚的石油利益提供了极好的机会。

控制了石油资源，就控制了世界经济，进而也就控制了世界。美国为了充当世界的“领导”，维护自己及盟国的石油利益多次发动战争，海湾战争就是一场维护美国及其盟国石油利益的战争。伊拉克战争仍然与石油有着密切的关系。西方关于战争的起因概括起来有三个理由，即黄金、福音和荣誉。黄金是一切财富的简称，它既指狭义的黄金，也指能源、矿产资源、水以及牧场的竞争，总之是指对生存空间的竞争。福音所代表的是理想主义的、意识形态及宗教的原因。荣誉所代表的原因有，维护地位和保持实力。无产阶级认为战争是政治的继续，而政治则是经济的集中表现。任何战争总是和敌对双方的经济利益联系在一起的。经济归根结底是战争的动因，即使是宗教色彩浓厚的战争也是如此。经济是战争的物质基础，是战争胜负的决定因素之一，战争给经济带来破坏，但也为经济发展创造条件。战争的终极原因，是为了争夺或维护某个阶级、民族、政治集团的经济利益。

石油是美国与对手竞争的重要工具。20 世纪 80 年代在美国和前苏联对峙的冷战时期，石油是美国搞垮前苏联战略的重要措施之一。石油是前苏联外汇收入的主要来源，也是军工企业的主要资金来源。美国认为降低石油价格有利于美国不利于前苏联，于是说服沙特阿拉伯取消石油输出国组织对石油开采的限制，大量增加石油产量，千方百计压低国际市场的石油价格。1995 年，油价下降 50%，当年前苏联出售石油的外汇收入减少了 100 多亿美元。苏联的解体除了自身原因之外，石油在瓦解前苏联的战略中发挥了重要的作用。

由于石油资源是有限的，并且分布是不均衡的，所以对全球石油资源的关注长期以来都是美国安全战略中的重要主题。美国在政治、外交和经济上采取多种措施，加强与主要产油国的密切联系。世界上主要产油地区和国家如波斯湾、里海沿岸以及阿尔及利亚、安哥拉、乍得、哥伦比亚、印度尼西亚、尼日利亚、苏丹和委内瑞拉，这些国家和地区加在一起，拥有大约 4/5 的世界已知石油储量。但这些地区和国家程度不同地存在着民族矛盾、宗教冲突和边界争端。里海沿岸的俄罗斯、伊朗、阿塞拜疆、土库曼斯坦和哈萨克斯坦五个国家尚未就里海的法律地位和近海资源区域的划分达成协议。一些前景看好的石油天然气资源位于有争议的近海地区。而哥伦比亚、委内瑞拉的政局也动荡不安。阿尔及利亚、安哥拉、印度尼西亚、苏丹、尼日利亚等国也极易出现政治和社会动乱，一些与石油资源问题有关或无关的国内动乱和国际冲突也有可能危及世界石油的安全供应。

随着经济发展和社会发展的需要，据国际能源组织评估，按照现有趋势全球石油消费量预计将从 2009 年的 40 亿吨增加到 2035 年的 54 亿吨，涨幅为 15%，这段时间石油消费约占世界已探明石油储量的一半。当然在此期间，新的石油储量将被发现，科学技术的发展将发现更多的石油，但是石油的生产仍然会与需求的增长存在着一定的差距。亚洲被认为是未来的石油需求增长最快的地区，尤其中国的石油需求将不断增加，日本、中国和印度将更多地从中东进口石油，也是中亚石油的竞争者。美国认为俄罗斯在中亚的影响仍然很大，美国将加强与俄罗斯在里海石油开发和油气管道建设上的合作。中国在9.11事件后，加入了国际上的反恐怖联盟。中国成为中亚地区的保护力量和东亚油气管道输送的枢纽。中国开始铺设新疆到上海的输油管道，并延长到中亚，使中国与中亚的联系更为密切。

美国正在采取政治、军事、经济、外交和文化等战争与非战争措施，为自己的跨国石油公司谋取中亚地区和世界其他地区的石油利益，确保美国及西方世界的石油供应。

随着阿富汗战场军事行动的结束，美国的反恐战争也许会进一步发展。由于伊拉克的石油探明可采储量接近200亿吨，居世界前五，自海湾战争以来美国和伊拉克围绕着武器核查和经济制裁的斗争持续不断。美国和英国曾对伊拉克进行了多次空袭，双方积怨已久，伊拉克是世界上唯一支持9.11恐怖事件的国家，美国对其恨之入骨，伊拉克遭到美国打击，世界石油价格受到较大的影响。

美国担心来自海湾地区的石油供应不稳，因为伊拉克和伊朗两大石油生产国与美国在意识形态和宗教上对立，不能够保证美国的石油供应。美国通过反恐战争，把里海周边和中亚地区国家团结到自己周围，使其与美国在石油的生产、运输和供给上进行合作，当中东地区受到宗教激进主义和恐怖组织的威胁，海湾地区因动乱而减少石油供给时，里海的石油就可以保证供应，使美国及西方盟国的石油供应和石油价格波动的风险降低。

为了保证中东和中亚地区的石油安全，军事上美国采取一系列措施。一是美国在中东有2.5万名驻军，在沙特阿拉伯、阿曼等地建有军事基地，平时显示实力、实施威慑和维持战区和平。战时可立即投入作战，如兵力不足，可以使用驻扎在欧洲和东亚的美军有关部队。二是早在1999年10月，美国的战区指挥系统就进行了调整，美国国防部把驻中亚美军的军事指挥权从太平洋战区转移到中央战区。这标志着美国战略重点的转变。过去中亚在前苏联的控制之下，被美军看作是一个无关紧要的地区，属太平洋战区的边缘。但是自从前苏联1991年解体之后，这个从高加索一直延伸到中国西部边界的地区，现已成为一个主要的、具有战略意义的争夺战区，因为在该地区的里海下面及其周围发现了大量的石油和天然气。由于美军中央战区一直负责中东地区的军事斗争准备和作战，这次美军中央战区负责中亚地区的控制和军事行动，标志着中亚地区得到美国军方的高度重视，中央战区的主要任务就是以军事实力保护中东和中亚地区的石油源源不断地流向美国及其盟国。

美国阿富汗战争的另一战略目的之一就是控制中亚的石油通道。英国《卫报》、德国《经济周刊》、法国《回声报》曾分别刊登文章，认为美国打击阿富汗的目的就是抢占中亚的石油通道。

里海及其中亚地区油田是世界第三大油田，其储油量仅次于海湾和西伯利亚。里海石油可以销往欧洲的市场，还可以销往石油消费量日益增加的印度、巴基斯坦和中国市场。目前，这里的油气资源主要通过俄罗斯境内的油气管道出口到欧洲市场。为了使中亚石油出口多元化，在里海石油和天然气开发及输出通道的建设上，美国、俄罗斯等国的石油公司都曾投入巨资。

如果里海的石油天然气主要通过俄罗斯运输，那就会加强俄罗斯对中亚国家政治和经济上的控制。但如果里海的油气能通过阿富汗输送到巴基斯坦和印度，那就使美国不仅可实现其能源供应多样化的目标，同时还可打入这个世界上最有利可图的市场。欧洲的石油消费增长较慢，但竞争激烈；相反，南亚的油气需求增长很快，几乎不存在竞争。将里海的油气卖给印度和巴基斯坦，石油公司所获利润远远高过卖到欧洲。早在1995年，美国加利福尼亚联合石油公司同塔利班、土库曼斯坦，为铺设由土库曼斯坦通过阿富汗进入巴基斯坦沿海的油气管道进行谈判。土库曼斯坦拥有世界丰富的天然气田，该国愿意修建这条天然气管道，因为以往只能将天然气输往俄罗斯，俄罗斯用低于输往欧洲的价格购买土库曼斯坦的天然气供自己使用，而将自己生产的天然气输往欧洲。美国加利福尼亚石油公司还遇到了阿根廷布里达斯石油公司的竞争。为了实施上述计划，从1996年开始美国人与沙特人合作，利用德尔塔石油公司总裁与塔利班的特殊关系向塔利班施加影响。加利福尼亚联合石油公司邀请塔利班的一个代表团到美国德克萨斯州的休斯敦和首都华盛顿讨论这项计划。

1998年，美国加利福尼亚联合石油公司和有关国家公司签署了一项建造一条长1400km，当时估计耗资20亿美元的输气管道协议。这条输气管道将从土库曼斯坦道拉塔巴德的天然气通到阿富汗边界，然后再延伸到阿富汗的赫拉特和坎大哈，并与巴基斯坦的奎达连接起来，后者与巴基斯坦南部已经建成的输气管道不远。这条输气管道设计输气量5400万立方米。这个联营企业当时起名叫Centgas，包括了美国加利福尼亚联合石油公司、沙特阿拉伯的德尔塔石油公司、土库曼斯坦政府、巴基斯坦新月石油公司、俄罗斯的天然气工业股份公司、日本和韩国的各一个公司。为了培训建造输气管道的数十名阿富汗人，加利福尼亚联合石油公司与美国内布拉斯加大学签署了一项数额达100万美元的培训合同。后来由于美国怀疑本·拉登策划了对美国驻非洲坦桑尼亚和肯尼亚使馆的袭击，1998年8月20日，美国用巡航导弹轰炸了本·拉登在阿富汗的基地，美国与阿富汗塔利班的关系恶化，四个月后加利福尼亚联合石油公司中断了它在这方面的工作。阿富汗混乱的局势影响了该计划的实施。

但是阿富汗在石油战略上的重要性并没改变。美国能源信息管理部门的报告指出，从能源角度看，阿富汗的重要性在于它的地理位置，它具有作为中亚石油输往阿拉伯海通道的潜能。这种潜能包括铺设经过阿富汗的石油和天然气输送管道的可能性。阿富汗新建立的临时政府是在美国支持下上台的，将会加强与美国的合作。战争结束后，这个计划重新提上日程，修建一条由美国石油公司控制的油气管线是可能的。美国的阿富汗战争不仅打败了塔利班和本·拉登，而且控制了阿富汗，增强了美国在中亚的影响，美国也就达到了对中亚油气通道控制的战略目的。

6.2 世界主要地区的能源安全政策

6.2.1 美国以能源安全为核心的能源政策

美国是世界第二能源生产国、第二能源消费国和最大能源净进口国。其原油、天然气和煤炭储量均居世界前列，其主要能源需求品石油的消费量在过去10年里保持稳定，每天消耗近2000万桶，其中2/3依靠进口。随着全球经济的迅速扩张，世界能源需求不断增加而备用能源日益匮乏，能源安全问题也越来越受到美国政府的重视。

能源安全问题曾给美国人留下深刻的历史教训。20世纪70年代，两次石油危机严重危害美国经济，让很多人至今记忆犹新。2001年美国面临着自20世纪70年代石油禁运以来最严重的能源短缺。短缺所造成的影响已经波及全国。许多家庭能源账单上的金额比一年前高2～3倍。数百万美国人发现他们经常不断地遇到停电；在能源成本不断上升的压力下，有些公司必须解雇工人或削减产量。美国各地的司机要支付越来越高的汽油费。

出于对全球石油市场和自身能源安全的担忧，布什政府2001年上台后，积极主张增加国内能源产量，提高节能效益和燃料热效率，采用替代能源。美国政府公布有关计划后，国会众议院也通过了法案，对包括石油在内的国内能源生产提供新的减税优惠，并允许在阿拉斯加野生动物保护区进行石油勘探与生产。

包括美国联邦储备委员会主席格林斯潘在内的经济界人士曾不断呼吁美国加强对天然气等其他能源产品的开发和利用，以避免能源结构的单一性，增强能源安全性。为此，美国正在不断探索和开发太阳能、生物质能等多种能源产品。同时，美国政府还要求研究部门集中精力开发高能效的建筑、设备、运输和工业系统，并在可能的情况下用替代性、再生性燃料进行置换，以此作为能源保障战略的一个重要方面。

美国对进口能源的依赖性很大，尤其是石油。因此，美国非常重视国际能源市场的风云变化，并通过多种途径，维护国际能源市场的稳定。布什总统还于 2001 年 11 月要求美国能源部在未来几年内将美国战略石油储备从 5.45 亿桶增加到 7 亿桶。布什称，这一举措“将增强美国长期的能源安全”。

日常生活中的节能是减少能源消费、提高能源效用的一个重要方面。美国 3.1 亿人口拥有 2.5 亿辆车，是名副其实的“车轮上的国家”，汽油消耗量巨大。为此，美国有关机构不断酝酿并推出节能新措施，如提高运动型多用途车和轻型卡车等高油耗车型的燃油标准，鼓励人们使用耗油少的车辆。另外，美国从 20 世纪 70 年代起开始实施一项旨在帮助低收入家庭降低能源消耗成本的计划，通过提供技术服务，提高低收入家庭房屋的保暖性，降低冬季取暖能耗，从而节省能源。

从根本上来说，美国对能源供求的调节是依靠市场力量来实现的。供大于求的时候，能源价格下跌，反之则价格上升。例如，由于冬季为能源消费旺季，加之投机交易活动频繁，最近一段时间，美国天然气价格就明显上涨。价格上升会对需求产生一定的抑制作用，并有效避免浪费。

2003 年夏天，包括纽约市在内的美国东北部地区发生大面积停电事故，这进一步激起了美国朝野对能源安全问题的关注。这次事故不仅暴露出电力设施严重老化、电力基础设施薄弱的现实，而且说明各地电力公司在保养输电线路方面工作不力，管理有待加强。有关人士在呼吁制定相关法规，以提高电力系统安全性的同时，也再次强调应加倍关注美国的能源保障问题。

2003 年，美国能源发表了《2025 年前能源战略计划》，将能源安全目标锁定在国防、能源、科学和环境四大问题上，强调美国将提高“国家安全、经济安全和能源安全”的综合保障能力。此后，政府和民众共同努力促成了涉及能源安全的内容最全面的《2005 年能源政策法案》和补充性法案《2007 年能源独立和安全法案》的通过。这两个法案明确规定了美国能源战略的主要政策和基本目标，成为 21 世纪美国能源政策的重要法律。

奥巴马政府继续实施上述法案的同时，提出了强化能源安全和环境保护为核心的“新能源计划”，加大对国内新能源的开发，减少对进口石油的过分依赖程度。

2011 年 3 月，美国政府高调发布《未来能源安全蓝图》，明确提出了美国未来能源供应安全的三大战略：油气开发回归美国本土；推广节能减排技术；激发创新精神。

自2011年起，美国政府对海上石油钻探活动的政策从最初的限制性许可转变为完全许可。美国曾是世界上最早对页岩气展开研究勘探的国家，依靠成熟的开发生产技术以及完善的管网设施，该国的页岩气开采成本仅仅略高于常规气。

6.2.2 欧盟的可持续能源政策

欧盟是世界上重要的能源消费体和主要的能源市场之一，石油和天然气是欧盟国家的主要燃料，主要依赖从地区外进口。可以说欧盟是世界上能源依赖进口程度最高的地区之一，能源安全形势非常严峻。而根据研究，未来20～30年，该地区的能源生产将持续减少，对外的能源进口将进一步增加。

欧盟的能源战略中能源安全问题是最为重要和最为关键的问题。能源安全几十年来伴随着欧盟发展的始终。能源安全问题是成立欧盟前身欧共体的原动力，欧共体建立之初衷就是西欧能力实力的联合。时任欧盟委员会副主席洛约拉·德帕拉西奥2002年6月26日表示，欧盟各成员国的能源政策必须统一，并尽可能实现能源供应的多元化，以保障能源安全。

20世纪60、70年代欧共体各国开始认识到建立共同体能源政策的紧迫性和重要性，并于1986年通过《能源政策》。这个政策奠定了欧洲能源政策的法律基础并确定了欧共体的能源战略目标。之后发布了一系列纲领性文件，包括2006年能源政策绿皮书，即《可持续发展，有竞争力和安全能源的欧洲战略》。

2006年3月，欧盟委员会对外正式公布了“获得可持续发展，有竞争力和安全能源的欧洲战略”的能源政策绿皮书，绿皮书从欧洲能源投资需求迫切、进口依存度上升、资源分布集中、全球能源需求持续增长、油气价格攀升、气候变暖等方面进行分析，呼吁欧盟各国政府和国民对能源引起重视，共同快速行动实现可持续、有竞争力和供应安全的目标。

欧洲能源政策的三个主要目标：

① 可持续性：开发具有竞争力的可再生能源和其他低碳能源和载体，特别是替代运输燃料；在欧洲内部抑制能源需求；领导全球共同努力阻止气候变暖，改善空气质量。

② 有竞争力：确保能源市场开放使消费者和整个经济发展受益，激励生产清洁能源和提高能源效率的投资；减轻国际能源价格高涨对欧洲经济和其居民的影响；使欧洲始终处于能源技术的前沿。

③ 供应安全：采取各种措施控制欧盟能源对外依存度，包括：降低需求，增加本地资源特别是可再生资源利用，加强能源结构多元化，进口来源和运输路径多元化；建立激励机制，满足能源投资需要；提高欧盟应对突发事件的能

力；为欧洲公司在全球各地获取资源创造条件；确保所有的居民和企业都可以获得能源。

为了保证上述目标的实现，有必要提供一个全面的框架，即《欧盟能源战略报告》，增加与可持续能源利用、有竞争力和供应安全相平衡的战略目标，提出欧盟整体上达到安全低碳的能源结构的最低要求，各个成员国选择不同能源自由，满足核心整体目标相结合。

实现三个目标的建议：

① 欧盟应建立内部天然气和电力市场。建立统一的欧洲输电网络，包括统一的欧洲电网标准、调节机制和欧洲能源网络中心；推动互相连接；建立激励新投资的机制；通过欧盟委员会、管理部门以及竞争机构之间的更好合作，提高竞争力。

② 欧盟应保证内部市场供应安全以及成员国之间的团结。修订现行石油和天然气储备的欧盟法律；建立欧洲能源供应观察站，提高欧盟能源供应安全的透明度；增加输电系统运营商之间的协作，建立正式的欧洲输电系统运营商小组，提高电力运营网络的安全性；提高基础设施的安全性，制定统一标准；提高能源储备的透明度。

③ 欧盟需要真正在全欧盟范围对不同能源进行讨论，包括成本以及对气候变化的影响，使欧盟的能源结构符合供应安全、有竞争力和可持续发展的目标。

④ 欧盟要以符合其里斯本目标的方式应对气候变暖所带来的挑战。欧盟委员会可以在欧洲理事会和议会中提出以下建议：

一是到 2020 年实现节约能源 20%。提高能效，包括建筑能效，利用金融手段和机制，鼓励投资，加强交通节能，在欧洲范围内启动“白色证书”系统，提供更多的能源性能信息，制定最低标准。

二是选定可再生能源长期路线图，加大力度实现现有目标，选择 2010 年必须实现的目标和指标；制定新的取暖和制冷标准；制定详细计划，逐渐降低欧盟石油进口依存度；积极推进清洁和可再生能源市场化进程。

⑤ 制定能源技术战略计划。以欧洲技术平台为依托，对欧洲技术资源进行最佳配置，优选联合技术攻关，为能源领先技术开发市场。

⑥ 统一对外能源政策。欧盟需要有一个清晰的对外能源政策，欧盟委员会建议：确定新能源基础设施建设的优先顺序，建设泛欧能源共同体条约，与俄罗斯建立新的能源合作关系，建立新的欧盟机制，对影响欧洲能源供应的外部紧急情况作出迅速和协调的行动，加强与主要能源供应国和消费国的关系，建立提高能源效率的国际协议。

在绿皮书的基础上，2007 年欧盟推出了《欧洲能源政策》，提出了一整套欧洲能源发展计划，称为《一揽子计划》。计划包括“内部能源市场”“保证牢固的能源供应”“减少温室气体排放”“提高能源效率”“开发新能源”“开发能源技术”“设想核能技术的未来”和“建立一个共同的国际能源政策”等内容。

2008 年欧盟通过《能源安全和团结行动方案》，对其共同能源战略目标进行量化：“2020 年减少 15%的能源消耗，减少 26%的能源进口和 2050 年新能源完全替代含碳能源”。

2010 年 2 月欧盟新成立的能源总局，由原属交通和能源总局以及对外关系总局负责能源事务的部门合并而成。欧盟欲协调其内部能源政策，以整体的力量一致对外，缓解能源压力。

6.2.3 日本的能源安全政策

对于一次能源几乎完全依赖进口的日本，能源的采购和运输是极为重要的。尽管其能源生产对石油的依赖正在逐渐减小，但对进口石油依赖的程度非常大，尤其是中东石油。2011 年石油占一次能源消费的 42%。

日本能源政策的一个突出特点是积极拓宽能源获取渠道，特别是保证优质能源石油的安全供应，同时从能源安全和生态环境考虑，积极开发新能源和节约能源型产业政策。

经历了 20 世纪 70 年代的两次石油危机之后，日本从保障能源安全出发，努力降低对石油依存度。日本将确保石油的稳定、高效供应作为其能源政策的重要内容。日本的原油几乎完全依赖进口，对中东的依存度最高，同其他发达国家相比，日本的石油供应体系非常脆弱。因此，日本实施石油储备、自主开发、同产油国合作等措施，并把完善保证非常时期石油供应体制作为当务之急。

(1) 维护和推动石油、天然气储备

石油储备是日本确保能源安全的重要支柱。日本的石油和天然气储备制度分为国家储备和民间储备两部分。根据石油和天然气储备法，日本的国家石油储备为 90 天的消费量，天然气为 150 万吨；民间石油义务储备为 90 天，天然气为 50 天。日本民间的石油和天然气储备是在政府行政干预下实施的，储备量是世界最多的国家之一。

(2) 推动石油、天然气的自主开发

日本的石油几乎完全依赖进口，从中东的进口量最高时接近 90%。因此，为保证石油的稳定供给而且在可能的情况下，积极推动日本企业在产油国取得长期权益，从事石油、天然气的勘探开发活动，并按一定比例获得石油、天然气权益份额。自主开发不仅可以提高供给的稳定性，尽早把握石油、天然气供需环境的变化，而且可以加强同产油国之间的相互依存关系。

(3) 同产油国加强政府层面的关系

首先，在外交方面，日本十分重视同中东国家的关系，政府外交活动十分积极；通过亚太经合组织推动在亚洲地区的能源安全合作。其次，在经济方面，日本根据产油国的需求，施行扶持与合作的政策。一方面增加日本企业参与石油、天然气生产国的重大开发项目的机会；另一方面在其他领域的共同研究合作开发，组织人员交流，促进直接投资等。从而加强了同产油国的关系，保证了日本拥有稳定的石油供应。

(4) 推进国内石油产业结构调整

随着竞争的激化，日本石油产业面临着收益恶化、生产设备过剩等问题。为此，日本在预算、税制方面采取了一系列新的措施。对石油精制设备废弃给予经济补偿，对加油站的关闭、集约化带来的设备拆除等给予费用补助，对加油站集约化、业务多样化经营的资金和设备等给予利息优惠。日本产业活力再生特别措施法，对此做出了税收方面的优惠规定，其目的是为了推进产业结构调整，做大做强石油产业。

日本 2011 年发生的地震、海啸，造成该国巨大损失；核电事故影响了日本的能源发展战略。从历史发展来看，海外能源开发始终在日本的能源战略中占有重要地位。福岛核事故后，日本调整了核能利用战略，进一步加大其海外能源开发力度，逐步降低对核电的依赖，保障核电安全，并发展可再生能源，促进能源多元化。

6.3　我国的能源安全问题及对策

6.3.1　我国的能源安全问题

作为世界第一大能源生产国，中国主要依靠自身力量发展能源，能源自给率始终保持在 90%左右。中国能源的发展，不仅保障了国内经济社会发展，也对维护世界能源安全作出了重大贡献。同时中国能源发展面临着诸多挑战：能源资源禀赋不高，煤炭、石油、天然气人均拥有量较低。能源消费总量近年来增长过快，保障能源供应压力增大。化石能源大规模开发利用，对生态环境造成一定程度的影响。

今后一段时期，中国仍将处于工业化、城镇化加快发展阶段，能源需求会继续增长，能源供应保障任务更加艰巨，因此能源安全问题日益突出。

中国人均能源资源拥有量在世界上处于较低水平，煤炭、石油和天然气的人均占有量仅为世界平均水平的 67%、5.4%和 7.5%。虽然近年来中国能源消费增长较快，但目前人均能源消费水平还比较低，仅为发达国家平均水平的 1/3。随着经济社会发展和人民生活水平的提高，未来能源消费还将大幅增长，资源约束不断加剧。

近年来能源对外依存度上升较快，特别是石油对外依存度从 21 世纪初的 32%上升至目前的 57%。石油海上运输安全风险加大，跨境油气管道安全运行问题不容忽视。国际能源市场价格波动增加了保障国内能源供应难度。能源储备规模较小，应急能力相对较弱，能源安全形势严峻。

中国经济的发展受能源供给和需求变化的制约。但在不同时期，能源制约中国经济发展的方面是不同的。中国改革开放以来，我国能源安全形势，发生了两大转变。1980～1990 年的十年间，制约中国经济发展的能源因素是：能源消费不足，除 1987～1988 年经济过热及 1989～1990 年经济调整特殊时期外，中国能源生产总量大体高于能源消费总量，出口量远远大于进口量。而每次经济下滑，都与能源消费增长不足有关，而与能源供给不足无关。可以说，这十年中我国的能源形势基本是安全的。但从 1990 年起，中国国内生产总值在保持 7%以上的增长的同时，中国能源消费总量开始接近生产总量，能源进口量大幅上升。到 1992 年能源生产总量已略低于国内能源消费需求总量，2000 年能源生产与消费总量缺口迅速拉大，从 1914 万吨扩大到 19000 万吨；能源进口已从 1990 年的 1310 万吨扩大到 2000 年的 14331 万吨，出口从 5875 万吨扩大到 9026 万吨，进出口分别增长 992.4%和 53.6%。同时能源平衡差额负增长持续扩大：从 1990 年的－2565 万吨标准煤增长到 2000 年的 15147 万吨标准煤。这说明，中国能源总消费已大于总供给，能源需求对外依存度（年进口量占年消费量的比例）迅速增大。中国能源安全形势已亮起红灯。

1993 年开始，我国成为石油净进口国，石油进口量逐年增长。1993～1996 年我国石油净进口量由 990 万吨增加到 1387 万吨，年均增长 12%。2000 年我国石油净进口量又增加到 6960 万吨。从 1996～2000 年石油净进口量年均增长 50%。2011 年，我国净进口石油 2.56 亿吨，占我国石油消费总量 4.50 亿吨的 57%强，我国已成为仅次日本的世界第二大石油进口国。随着我国经济持续发展，我国对进口石油的依赖会继续增加。据有关专家估计，按照现有发展趋势，2020 年中国石油消费总量将达到 6 亿吨左右，2030 年进一步达到 8 亿吨左右。而国内原油产量稳定在 2 亿吨，因此缺口越来越大，需要进口的量也越来越大（表 6.1）。我国引进这么多石油，不仅需要消耗大量的外汇，而且还使我国社会和经济运行严重依赖从国外进口石油。一旦进口石油因不可预料的战争或突发事件而被迫暂时中断，或者一旦国际油价剧烈波动，都会给我国经济和民众生活带来重大的负面影响。因此，石油供应不足是影响我国能源安全最突出的问题。

表6.1 我国石油资源需求及进口预测

项目	2011	2020	2030
石油需求量/Mt	4500	6000	8000
净进口量/Mt	2560	4000	6000
进口依存度/%	57	67	75

能源是中国全面建设小康社会、实现现代化和富民强国的重要物质基础。中国将努力解决好能源问题，坚定不移地走能源可持续发展道路。

今后一段时期，中国仍将处于工业化、城镇化加快发展的阶段，发展经济、改善民生的任务十分艰巨，能源需求还会增加。作为一个拥有13亿多人口的发展中大国，中国必须立足国内增加能源供给，稳步提高供给能力，满足经济平稳较快发展和人民生活改善对能源的需求。

6.3.2 能源安全对策

中国能源政策的基本内容是：坚持“节约优先、立足国内、多元发展、保护环境、科技创新、深化改革、国际合作、改善民生”的能源发展方针，推进能源生产和利用方式变革，构建安全、稳定、经济、清洁的现代能源产业体系，努力以能源的可持续发展支撑经济社会的可持续发展。

能源安全是全球性问题，绝大多数国家都不可能离开国际合作而获得能源安全保障。中国能源发展取得的成就，与世界各国合作密不可分。中国未来的能源发展更需要国际社会的理解和支持。

中国将在平等互惠、互利共赢的原则下，进一步加强与各能源生产国、消费国和国际能源组织的合作，共同推动世界能源的可持续发展，维护国际能源市场及价格的稳定，确保国际能源通道的安全和畅通，为保障全球能源安全和应对气候变化作出应有贡献。

（1）大力发展节能产品，降低能耗

从长远来看，在全球范围内必然会出现某些资源绝对稀缺的问题。只有通过节约能源、开发替代和节减消费来解决这一问题。因此，必须加大国内节约能源、合理利用能源的力度。中国人口众多、资源相对不足，要实现能源资源永续利用和经济社会可持续发展，必须走节约能源的道路。

据专家分析，我国节能潜力巨大。我国产品能耗高；产值能耗高。能源节约对我国实现跨世纪的经济和能源发展目标将起到举足轻重的作用。由于节约使用能源可以大幅度降低能源消耗，所以大力节能、提高能源利用的经济效益，是我国解决能源安全问题的突破口。节约能源被我国专家视为在我国与煤炭、石油、天然气和电力同等重要的“第五能源”，可以大大节省能源开发的投资。在未来的中国，以煤为主的能源结构基本格局不可能从根本上改变。能源利用效率提高、能源消耗量减少的直接效果就是煤炭运输量的减少和污物排放量的降低。因此，节能是今后相当长的一段时期内我国各行各业都必须重视的工作，是我国经济持续、快速、健康发展的重要保证。

中国始终把节约能源放在优先位置。早在20世纪80年代初，国家就提出了“开发与节约并举，把节约放在首位”的发展方针。2006年，中国政府发布《关于加强节能工作的决定》。2007年，发布《节能减排综合性工作方案》，全面部署了工业、建筑、交通等重点领域节能工作。实施“十大节能工程”，推动燃煤工业锅炉（窑炉）改造、余热余压利用、电机系统节能、建筑节能、绿色照明、政府机构节能，形成3.4亿吨标准煤的节能能力。开展“千家企业节能行动”，重点企业生产综合能耗等指标大幅下降，节约能源1.5亿吨标准煤。“十一五”期间，单位国内生产总值能耗下降19.1%。

2011年，中国发布了《“十二五”节能减排综合性工作方案》，提出“十二五”期间节能减排的主要目标和重点工作，把降低能源强度、减少主要污染物排放总量、合理控制能源消费总量工作有机结合起来，形成“倒逼机制”，推动经济结构战略性调整，优化产业结构和布局，强化工业、建筑、交通运输、公共机构以及城乡建设和消费领域用能管理，全面建设资源节约型和环境友好型社会。

——优化产业结构。中国坚持把调整产业结构作为节约能源的战略重点。严格控制低水平重复建设，加速淘汰高耗能、高排放落后产能。加快运用先进适用技术改造提升传统产业。提高加工贸易准入门槛，促进加工贸易转型升级。改善外贸结构，推动外贸发展从能源和劳动力密集型向资金和技术密集型转变。推动服务业大发展。培育发展战略性新兴产业，加快形成先导性、支柱性产业。

——加强工业节能。工业用能占到中国能源消费的70%以上，工业是节约能源的重点领域。国家制定钢铁、石化、有色、建材等重点行业节能减排先进适用技术目录，淘汰落后的工艺、装备和产品，发展节能型、高附加值的产品和装备。建立完善重点行业单位产品能耗限额强制性标准体系，强化节能评估审查制度。组织实施热电联产、工业副产煤气回收利用、企业能源管控中心建设、节能产业培育等重点节能工程，提升企业能源利用效率。

——实施建筑节能。国家大力发展绿色建筑，全面推进建筑节能。建立健全绿色建筑标准，推行绿色建筑评级与标识。推进既有建筑节能改造，实行公共建筑能耗限额和能效公示制度，建立建筑使用全寿命周期管理制度，严格建筑拆除管理。制定和实施公共机构节能规划，加强公共建筑节能监管体系建设。推进北方采暖地区既有建筑供热计量和节能改造，实施“节能暖房”工程，改造供热老旧管网，实行供热计量收费和能耗定额管理。

——推进交通节能。全面推行公交优先发展战略，积极推进城际轨道交通建设，合理引导绿色出行。实施世界先进水平的汽车燃料油耗量标准，推广应用节能环保型交通工具。加速淘汰老旧汽车、机车、船舶。优化交通运输结构，大力发展绿色物流。提高铁路电气化比重，开展机场、码头、车站节能改造。积极推进新能源汽车研发与应用，科学规划和建设加气、充电等配套设施。

——倡导全民节能。加大节能教育与宣传，鼓励引导城乡居民形成绿色消费模式和生活方式，增强全民节约意识。严格执行公共机构节能标准和规范，发挥政府机关示范带头作用。动员社会各界广泛参与，积极开展小区、学校、政府机关、军营和企业的节能行动，努力建立全社会节能的长效机制。推广农业和农村节能减排，推进节能型住宅建设。

(2) 加快实行能源储备制度

当前，国际能源命脉仍然掌握在西方发达国家手中，在日趋激烈的国际能源竞争中，我国长期以来处于劣势。以石油资源为例，目前世界排名前 20 位的大型石油公司垄断了全球已探明优质石油储量的绝大部分。发达国家利用其对石油资源控制的优势大搞战略石油储备，实际上是对世界能源资源的掠夺。

美国是目前世界上最大的石油储备国，其储量占经合组织国家中政府战略石油储备总量的 60%。其石油储备体系包括民间的商业储备和政府的战略储备两部分。战略石油储备完全由政府承担，并授权能源部具体负责。石油储备也是日本一项基本的国策。日本的石油储备也分为政府的战略储备和民间的商业储备两种。政府储备目标为 90 天的进口量。目前已建立了 10 个国家石油储备基地，并采取统一的管理模式。

我国也在统筹资源储备和国家储备、商业储备，加强应急保障能力建设，完善原油、成品油、天然气和煤炭储备体系，同时提高天然气调峰能力并建立健全煤炭调峰储备。

目前，中国能源储备尚属起步阶段，还未在库存责任、库存释放、应对供应量下降与供应中断、库存监管等方面形成一套严格而详细、较为完善的法规体系。中国各类能源储备的规模小，储备应急的国际合作机制还未建立。因此，将加快相关工作，进一步加快建设中国完整、灵活的战略石油储备体系；

着手构建全国整体天然气安全供应系统；建立东南、中部、东北、西北相结合的全国煤炭储备体系。

(3) 把能源结构调整的重点放在洁净技术和替代能源的开发上

而从世界范围看，今后相当长时期内，煤炭、石油等化石能源仍将是能源供应的主体，中国也不例外。中国统筹化石能源开发利用与环境保护，加快建设先进生产能力，淘汰落后产能，大力推动化石能源清洁发展，保护生态环境，应对气候变化，实现节能减排。

——安全高效开发煤炭。中国煤炭工业坚持科学布局、集约开发、安全生产、高效利用、保护环境的发展方针。按照控制东部、稳定中部、发展西部的原则，推进陕北、黄陇、神东等 14 个大型煤炭基地建设。实施煤炭资源整合和煤矿企业兼并重组，发展大型煤炭企业集团。优先建设大型现代化露天煤矿和特大型矿井。实施煤矿升级改造和淘汰落后产能，提高采煤机械化程度和安全生产水平。大力发展矿区循环经济，加大煤炭洗选比重，合理开发煤炭共伴生资源。按照能源密集、技术密集、资金密集、长产业链、高附加值的发展导向，有序建设煤炭深加工升级示范工程。鼓励建设低热值煤炭清洁利用和加工转化项目。加强煤炭矿区环境保护和生态建设，做好采煤沉陷区和影响区的生态综合治理、土地复垦等工作。

——清洁高效发展火电。中国坚持低碳、清洁、高效的原则，大力发展绿色火电。鼓励煤电一体化开发，稳步推进大型煤电基地建设。积极应用超临界、超超临界等先进发电技术，建设清洁高效燃煤机组和节能环保电厂。继续淘汰能耗高、污染重的小火电机组。严格控制燃煤电厂污染物排放，新建煤电机组同步安装除尘、脱硫、脱硝设施，加快既有电厂烟气除尘、脱硫、脱硝改造。鼓励在大中型城市和工业园区等热负荷集中的地区建设热电联产机组。在条件适宜的地区，合理建设燃气蒸汽联合循环调峰机组，积极推广天然气热电冷联供。严格控制在环渤海、长三角、珠三角地区新增除“上大压小”和热电联产之外的燃煤机组。加强火电厂节水技术的推广应用。开展整体煤气化联合循环发电，以及碳捕捉与利用封存等技术应用示范项目。

——加大常规油气资源勘探开发力度。中国将继续实行油气并举的方针，稳定东部、加快西部、发展南方、开拓海域。推进原油增储稳产，稳步推进塔里木盆地、鄂尔多斯盆地等重点石油规模生产区勘探开发。加强老油田稳产改造，提高采收率。加快天然气发展，加大中西部地区主力气田产能建设，抓好主力气田增产，推进海上油气田勘探开发，逐步提高天然气在一次能源结构中的比重。优化炼油工业布局，建设若干大型炼化基地，形成环渤海、长三角、珠三角三大炼油集聚区，实现上下游一体化、炼油化工一体化、炼油储备一体化集约发展。

——积极推进非常规油气资源开发利用。加快非常规油气资源勘探开发是增强中国能源供应保障能力的重要手段。中国将加快煤层气勘探开发，增加探明地质储量，推进沁水盆地、鄂尔多斯盆地东缘等煤层气产业化基地建设。加快页岩气勘探开发，优选一批页岩气远景区和有利目标区。加快攻克页岩气勘探开发核心技术，建立页岩气勘探开发新机制，落实产业鼓励政策，完善配套基础设施，实现到 2015 年全国产量达到 65 亿立方米的总体目标，为页岩气未来的快速发展奠定坚实的基础。加大页岩油、油砂等非常规油气资源勘探开发力度。

同时中国大力发展新能源和可再生能源，是推进能源多元清洁发展、培育战略性新兴产业的重要战略举措，也是保护生态环境、应对气候变化、实现可持续发展的迫切需要。中国坚定不移地大力发展新能源和可再生能源，到“十二五”末，非化石能源消费占一次能源消费比重将达到 11.4%，非化石能源发电装机比重达到 30%。

——积极发展水电。中国水能资源蕴藏丰富，技术可开发量 5.42 亿千瓦，居世界第一。按发电量计算，中国目前的水电开发程度不到 30%，仍有较大的开发潜力。实现 2020 年非化石能源消费比重达到 15%的目标，一半以上需要依靠水电来完成。在做好生态环境保护、移民安置的前提下，中国将积极发展水电，把水电开发与促进当地就业和经济发展结合起来，切实做到“开发一方资源，发展一方经济，改善一方环境，造福一方百姓”。完善水电移民安置政策，健全利益共享机制。加强生态环境保护和环境影响评价，严格落实已建水电站的生态保护措施，提高水资源综合利用水平和生态环境效益。做好水电开发流域规划，加快重点流域大型水电站建设，因地制宜开发中小河流水能资源，科学规划建设抽水蓄能电站。到 2015 年，中国水电装机容量将达到 2.9 亿千瓦。

——安全高效发展核电。核电是一种清洁、高效、优质的现代能源。发展核电对优化能源结构、保障国家能源安全具有重要意义。目前中国核电发电量仅占总发电量的 1.8%，远远低于 14%的世界平均水平。核安全是核电发展的生命线。日本福岛核事故发生后，中国对境内核电厂开展了全面、严格的综合安全检查。检查结果表明，中国核电安全是有保障的，在运核电机组 20 年来从未发生过 2 级及以上核安全事件（事故），主要运行参数好于世界平均值，部分指标进入国际先进行列或达到国际领先水平。继续坚持科学理性的核安全理念，把“安全第一”的原则严格落实到核电规划、选址、研发、设计、建造、运营、退役等全过程。制定和完善核电法规体系。健全和优化核电安全管理机制，从严设置准入门槛，落实安全主体责任。完善核电监管体系，加强在建及运行核电厂的安全监督检查和辐射环境监督管理。建立健全国家核事故应急机制，提高应急能力。加大核电科技创新投入，推广应用先进核电技术，提高核电装备水平，重视核电人才培养。到2015年，中国运行核电装机容量将达到4000万千瓦。

——有效发展风电。风电是现阶段最具规模化开发和市场化利用条件的非水可再生能源。中国是世界上风电发展最快的国家，“十二五”时期，坚持集中开发与分散发展并举，优化风电开发布局。有序推进西北、华北、东北风能资源丰富地区风电建设，加快分散风能资源的开发利用。稳步发展海上风电。完善风电设备标准和产业监测体系。鼓励风电设备企业加强关键技术研发，加快风电产业技术升级。通过加强电网建设、改进电网调度水平、提高风电设备性能、加强风电预测预报等途径，提高电力系统消纳风电的能力。到2015年，中国风电装机将突破1亿千瓦，其中海上风电装机达到500万千瓦。

——积极利用太阳能。中国太阳能资源丰富，开发潜力巨大，具有广阔的应用前景。“十二五”时期，中国坚持集中开发与分布式利用相结合，推进太阳能多元化利用。在青海、新疆、甘肃、内蒙古等太阳能资源丰富、具有荒漠和闲散土地资源的地区，以增加当地电力供应为目的，建设大型并网光伏电站和太阳能热发电项目。鼓励在中东部地区建设与建筑结合的分布式光伏发电系统。加大太阳能热水器普及力度，鼓励太阳能集中供热水、太阳能采暖和制冷、太阳能中高温工业应用。在农村、边疆和小城镇推广使用太阳能热水器、太阳灶和太阳房。到2015年，中国将建成太阳能发电装机容量2100万千瓦以上，太阳能集热面积达到4亿平方米。

——开发利用生物质能等其他可再生能源。中国坚持“统筹兼顾、因地制宜、综合利用、有序发展”的原则，发展生物质能等其他可再生能源。在粮棉主产区，有序发展以农作物秸秆、粮食加工剩余物和蔗渣等为燃料的生物质发电。在林木资源丰富地区，适度发展林木生物质发电。发展城市垃圾焚烧和填埋气发电。在具备条件的地区推进沼气等生物质供气工程。因地制宜建设生物质成型燃料生产基地。发展生物柴油，开展纤维素乙醇产业示范。在保护地下水资源的前提下，推广地热能高效利用技术。加强对潮汐能、波浪能、干热岩发电等开发利用技术的跟踪和研发。

——促进清洁能源分布式利用。中国坚持“自用为主、富余上网、因地制宜、有序推进”的原则，积极发展分布式能源。在能源负荷中心，加快建设天然气分布式能源系统。以城市、工业园区等能源消费中心为重点，大力推进分布式可再生能源技术应用。因地制宜在农村、林区、海岛推进分布式可再生能源建设。制定分布式能源标准，完善分布式能源上网电价形成机制和政策，努力实现分布式发电直供及无歧视、无障碍接入电网。“十二五”期间建设1000个左右天然气分布式能源项目，以及10个左右各类典型特征的分布式能源示范区域。

(4) 加强能源国际合作

随着全球化的不断深入，中国在能源发展方面与世界联系日益紧密。中国的能源发展，不仅保障了本国经济社会发展，也为维护世界能源安全和保持全球市场稳定作出了贡献。

中国是国际能源合作中负责任的积极参与者。在双边合作方面，中国与美国、欧盟、日本、俄罗斯、哈萨克斯坦、土库曼斯坦、乌兹别克斯坦、巴西、阿根廷、委内瑞拉等国家和地区建立了能源对话与合作机制，在油气、煤炭、电力、可再生能源、科技装备和能源政策等领域加强对话、交流与合作。在多边合作方面，中国是亚太经济合作组织能源工作组、二十国集团、上海合作组织、世界能源理事会、国际能源论坛等组织和机制的正式成员或重要参与方，是能源宪章的观察员国，与国际能源署、石油输出国组织等机构保持着密切联系。在国际能源合作中，中国既承担着广泛的国际义务，也发挥着积极的建设性作用。

中国在能源领域坚持对外开放，不断优化外商投资环境，保障投资者合法权益。中国先后出台了《中外合资经营企业法》《中外合作经营企业法》《外资企业法》等法律法规，以及《外商投资产业指导目录》《中西部地区外商投资优势产业目录》等政策文件。中国鼓励外商以合作的方式，进行石油天然气勘探开发，开展页岩气、煤层气等非常规油气资源勘探开发。鼓励投资建设新能源电站、以发电为主的水电站和采用洁净燃烧技术的电站，以及中方控股的核电站。鼓励跨国能源公司在华设立研发中心。

中国能源企业遵循平等互惠、互利双赢的原则，积极参与国际能源合作，参与境外能源基础设施建设，发展能源工程技术服务合作。中国企业对外投资合作开发的能源资源，90%以上都在当地销售，增加了全球能源市场供应，促进了供应渠道的多元化。中国能源企业在对外投资合作时，遵守当地法律法规，尊重当地宗教信仰和风俗习惯，在实现自我发展的同时，积极为当地经济社会发展作出贡献。

在今后相当长一段时间内，国际能源贸易仍将是中国利用国外能源的主要方式。中国将按照世界贸易组织规则，完善公平贸易政策，开展能源进出口贸易，优化贸易结构。综合运用期货贸易、长协贸易、转口贸易、易货贸易等方式，推进贸易方式多元化。积极参与全球能源治理，加强与世界各国的沟通与合作，共同应对国际货币体系、过度投机、垄断经营等因素对能源市场的影响，维护国际能源市场及价格的稳定。

能源问题关系国计民生，关系人类福祉。为了减少能源资源问题带来的纷争和不平等，实现世界经济平稳有序发展，推动经济全球化向着均衡、普惠、共赢的方向发展，需要国际社会树立互利合作、多元发展、协同保障的新能源安全观。为了共同维护全球能源安全，中国主张，国际社会应着重在以下三个方面作出努力。

——加强对话与交流。加强能源出口国、消费国和中转国之间的对话和交流，是开展能源国际合作的基础。国际社会应进一步密切双多边关系，加强在提高能效、节能环保、能源管理、能源政策等方面的对话交流，完善国际能源市场监测和应急机制，深化在信息交流、人员培训、协调行动等方面的合作。

——开展能源务实合作。各国应秉持互利共赢、共同发展的原则，开展国际能源资源勘探开发互利合作，丰富和完善合作机制与手段，增加全球能源供应，促进供应渠道的多元化。共同稳定大宗能源产品价格，保障各国用能需求，维护能源市场正常秩序。发达国家应从人类可持续发展的高度，在保护知识产权的前提下，积极向发展中国家和不发达国家提供、转移清洁高效能源技术，共同推动全球绿色发展。国际社会应携手努力，帮助最不发达国家消除能源贫困，扩大能源服务，促进可持续发展。

——共同维护世界能源安全。公平合理的国际能源治理机制是维护世界能源市场稳定的重要条件。各国应加强合作，共同维护能源生产国和输送国，特别是中东等产油国地区的局势稳定，确保国际能源通道安全和畅通，减少地缘政治纷争对全球能源供应的干扰。通过对话与协商的方式，解决重大国际能源问题，不应把能源问题政治化，避免动辄诉诸武力，甚至引发对抗。

第 7 章

可持续的能源系统的建立

7.1 能源需求展望

7.1.1 全球能源展望

2012 年 12 月，国际能源署（IEA）发布《2012 年世界能源展望》对 2035 年前全球能源趋势作了预测，并对其在能源安全、环境可持续发展和经济增长方面的影响提出了研究见解。

报告分析，未来全球能源结构发展的第一个趋势是，美国的石油和天然气产量超常增长，导致全球能源流动发生显著变化。报告指出，各国目前在能源消耗方面所做出的承诺如能得以实现，如减少温室气体排放，减少并停止对化石能源的补贴，那么到 2020 年，美国将成为天然气净出口国，实现能源自给自足；到 2035 年，美国将成为一个石油净出口国，进而加速改变国际石油贸易的方向，近 90%的中东石油将出口到亚洲。

第二个趋势是，全球能源需求将继续增长，化石燃料仍占据主要地位。报告称，至 2035 年，全球能源需求增长将超过 1/3，而中国、印度和中东占据了这一增幅的 60%。届时，全球石油需求量每天将达 9900 万桶，油价每桶达 215 美元。虽然非欧佩克成员国的石油供应量大幅增加，但在 2020 年后，世界将越来越依赖欧佩克。到 2035 年，伊拉克的石油产量将占全球的 45%，超过俄罗斯成为全球第二大石油出口国。

第三个趋势是，可再生能源作用日益凸显，水电、风能和太阳能成为全球能源不可或缺的一部分。报告分析，到 2035 年，可再生能源将占全球总发电量的近 1/3，其中太阳能的增速最快。与此同时，生物能源的供应也大幅增加，完全可以满足目前预计的需求，而不必担心其与粮食生产发生冲突，这主要是因为以下三个因素的影响：技术成本的降低、化石燃料价格的上涨及碳排放成本的增加。不过，政府需要增加对可再生能源项目的资助，2011 年的补贴是 880 亿美元，到 2035 年将需要 4.8 万亿美元。

第四个趋势是，致力于提高能源效率。报告指出，各国如果能在提高能源效率上作出更大努力，从政策层面进行推动，可以使全球能源需求增长减少一半。

报告指出，当今世界没有任何一个国家能成为能源“孤岛”，各种燃料、市场及价格之间的交互作用正在日益加剧。因此对于政策制定者来说，要想寻找到同时能够实现能源安全、经济增长和环境保护目标的良方，不是一件容易的事。

7.1.2 中国能源展望

（1）中国“十二五”时期能源展望

2013 年 1 月，中国国家发改委能源研究所发布首份《中国能源展望》（以下简称《展望》）显示，全球经济低速增长，中国经济减速前行，“十二五”期间全球能源需求增速为 1%～2%；中国能源需求增速将达到 4.7%，较“十一五”时期回落约 2 个百分点。

根据预测，“十二五”期间，中国经济对能源的依赖性总体有所回落，能源消费弹性系数将从“十一五”期间的 0.77 下降到“十二五”末的 0.47，回落到“九五”的水平。

工业能耗增速也将下行，预期“十二五”期间年均增长 4.3%，工业能耗占总能耗的比例将由 2010 年的 71.1%下降到 2015 年的 67.9%，下降 3.2 个百分点。

从能源结构来看，预计 2015 年煤炭消费总量仍将高达 38 亿吨左右，占一次能源消费比重达 63%，但这种每年 40 亿吨的煤炭消费量恐难以持续。其中一个重要原因是，煤炭资源逐步西移与东部煤炭消费需求巨大，正在给中国煤炭供应带来越来越大的挑战。

《展望》建议，今后应改变主要靠“北煤南运”、“西煤东运”、“特高压输电”解决东南地区能源供应的观念，应更多依靠增加进口改善东西部能源供需矛盾，缓解运输瓶颈、保护生态环境。

为此，《展望》提出了四条具体建议：东南地区煤炭需求增量应主要通过进口解决；西部地区要实施保护性开发与因地制宜适度发展煤化工相结合的战略；提高东南沿海地区液化天然气（LNG）的进口；避免大规模建设长距离特高压输电。

根据发改委能源研究所的初步预测，2015 年东南沿海地区煤炭消费量约为 8.8 亿吨，煤炭增量部分约为 3 亿吨，这部分应通过进口来解决。

在东部地区电力供应上，《展望》指出，东部地区应以自身解决为主，调入为辅，不宜大规模建设长距离特高压输电，因为其成本电损较大，而且系统相对脆弱，安全隐患和风险巨大。在本地供电上，应允许有价格承受能力的地区，建设一定的天然气发电项目。

(2) 中国长期（2030年、2050年）能源展望

2009年，国家发展和改革委员会能源研究所曾开展《中国2050年低碳发展之路：能源需求暨碳排放情景分析》，以2005年为基准年，2050年为目标年，应用展望与回望相结合，定性与定量相结合，由上而下和由下而上的模型方法相结合以及情景分析等方法，探讨了气候变化的事实及其对人类的影响、全球应对气候变化采取的措施及其对未来经济社会的影响、应对全球气候变化对中国的影响；诠释了影响中国未来发展各种驱动和限制因素，模拟分析了这些因素对中国2005～2050年的经济社会发展、能源需求和CO_2排放的影响；提出了在不同时段，选择、推广应用不同技术和实施不同政策措施。

研究设置了基准情景。该情景充分考虑国内发展的需求和愿望，假设21世纪中叶达到中等发达国家时人均能源消费量能够比目前能源效率最高的国家降低10%左右。经济发展遵循经济学普遍规律，在一定程度上仍延续发达国家工业化的历程，技术进步使得能源效率有一定提高，预计21世纪中叶人均能源消费水平量低于2005年时能源效率最高国家的10%。研究得出基准情景下，中国一次能源需求量2050年为78亿吨标煤左右。按当前的能源结构推算，需要75亿吨煤炭、11亿吨石油。

而在基准情景的基础上，该研究设置其他不同情景分析中国的低碳发展道路，但同样得出中国一次能源需求量2050年为50亿～67亿吨标煤左右。

7.2　清洁、高效的可持续能源系统

7.2.1　能源资源条件

能源资源能否满足可持续发展的需要？这与资源的物理量、技术进步以及政策因素等关系密切。根据相关研究，能源资源的开发利用潜力见表7.1（World Energy Assessment，UNDP，2000：6）。就全球的能源资源而言，经过对常规和非常规石油和天然气的长期可获得性的分析，以目前的勘探与开采技术及其技术进步条件下，石油和天然气可以持续未来50～100年甚至更长。煤炭资源和核燃料也非常丰富，它们可以持续数百年甚至上千年。

表 7.1 全世界能源资源开发利用潜力

资源	静态保有量储采比/年①	静态资源量储采比/年②	动态资源量储采比/年③
石油	45	约 200	95
天然气	69	约 400	230
煤炭	452	约 1500	1000
水电	可再生能源		
传统能源	可再生能源		
新可再生能源④	可再生能源		
核能	50⑤	≫300⑤	

① 基于恒定产量和静态储藏量。

② 包括传统的和非传统的储藏量。

③ 生产是动态的函数。

④ 包括现代生物质能源、小水电、地热能、风能、太阳能和潮汐能。

⑤ 基于一次铀燃料循环，不包括钍和海水中的低浓度铀。如果利用快增殖反应堆，相当于铀资源增大 60 倍。

可再生能源与化石燃料和核燃料相比，其资源分布更平均，而且其能源通量要比目前所使用的能源总量高达三个数量级以上。但是可再生能源的经济潜力受到许多因素的制约，包括对土地使用的竞争、太阳辐射量和时间、环境因素以及风力形式等。

虽然从资源角度来讲未来能源的可获得性并没有实质限制，但关键的问题是：开采、收集和转换这些资源存量和通量的技术能否及时出现，其过程是否会产生不利影响，从这些资源中最终得到的能源服务是否能够支付得起？要建立一个可持续的能源系统就必须回答和解决这些问题。实现可持续用能的途径包括：

◇更有效地利用能源，尤其在建筑、家用电器、交通和生产过程中的终端能源使用中；

◇加大可再生能源的利用；

◇新的能源技术的开发与应用，特别是基本不产生有害排放的下一代化石燃料技术和核电技术。

7.2.2 提高能源使用效率

20 世纪 70 年代的石油危机促使石油价格迅速上升，对能源使用造成的环境污染问题的认识不断加强，以及气候变化的可能性等因素都促使全球重新评价能源的使用问题。因此，不论在工业部门，还是在照明、家用电器、交通和建筑制冷与采暖用能中都开展了节能措施，提高了能源使用效率。提高能源使用效率成为能源强度下降的主要贡献因素。

目前，由一次能源向终端能转换的效率全球平均约是 1/3，也就是说一次能源中有 2/3 的能量都在转换过程中浪费掉了，其中主要是低温热损失。在终端能源提供能源服务时，还会产生大量的能源损失。

在未来 30 年内，为达到现有能源服务水平，发达国家可以在具有成本效益的条件下降低 25％～35％的能源利用，如果采取更有效的政策还会减少更多。这些减少主要在居民、工业、交通、公共部门和商业部门的终端能源到能源服务的转换环节中实现。经济转型国家在考虑成本效益的情况下可以实现 40％的节能量。在大多数发展中国家，由于其经济要高速发展，且设备和技术水平比较落后，与现有的技术水平所实现的能源效率相比，其潜在的节能潜力在 30％～45％甚至更多。

未来几十年有希望看到出现新的生产工艺、电机系统、材料、汽车和建筑设计，这些新技术、新工艺可以减少终端能源需求。在发展中国家轿车数量会大幅度增加，提高效率非常重要。快速工业化国家可以通过在搞好能源生产过程中采用新型高效技术而节能。这些国家正在进行基础建设，对材料的需求不断增长，为生产过程中的技术革新和提高效率提供了机会。

通过工业化国家和经济转型国家经济结构的变化，工业部门向低能量密度产品结构转变，以及居民和交通运输部门充分达到能效的实现，能源效率可每年提高约 2％。综合这些效果，可能会使能源强度每年降低 2.5％。

7.2.3　开发利用可再生能源

可再生能源具有能够在提供能源服务时大气污染和温室气体排放为零或接近为零的特点。目前，可再生能源供应世界 14％的能源，其中主要是在炊事和采暖中使用的传统生物质能，尤其是在发展中国家的农村地区。大规模水电提供全球电力的 20％，其发展空间在工业化国家已经比较有限，在发展中国家还有相当的发展空间。

与绝大部分新技术一样，新可再生能源在最初被引入市场时价格昂贵，但是随着市场普及量的增加，其成本会迅速降低。表 7.2 是《世界能源评价》(2010 年）中对未来可再生能源技术成本发展趋势的估计。当时预见，在未来 20 年内 300 亿美元的市场容量将会使光伏发电能够与传统电力进行竞争。

价格不断降低已经使一些可再生能源在某些特定应用上可与化石燃料竞争。现在，分散的生物质资源特别适合给农村地区提供清洁能源，这些生物质以前是以传统的低效的高污染的方式被利用的。生物质能在保证经济性下产生少量环境影响，有时甚至能产生正的环境影响。海岸和其他地区的风能利用也具有类似效果。

表 7.2 可再生能源技术成本发展趋势

技术	交钥匙投资成本/美元	2010 年能源成本 /[美分/(kW·h)]	未来可能能源成本 /[美分/(kW·h)]
生物质发电	900～3000	5～15	4～10
生物质供热	250～750	1～5	1～5
乙醇		8～25 美元/GJ	6～10 美元/GJ
风电	1100～1700	5～13	3～10
光伏发电	5000～10000	25～125	6～25
太阳热发电	3000～4000	12～18	4～10
低温太阳热	500～1700	3～20	3～10
大型水电	1000～3500	2～8	2～8
小型水电	1200～3000	4～10	3～10
地热发电	800～3000	2～10	1～8
地热供热	200～2000	0.5～5	0.5～5
潮汐能	1700～2500	8～15	8～15
波浪能	1500～3000	8～20	不清楚

7.2.4 采用先进能源技术

7.2.4.1 先进化石能源技术

可持续发展目标要求在不采取复杂的末端控制技术的情况下，实现化石燃料的利用接近零污染和温室气体排放目标，化石燃料技术应朝着这个方向发展。

在发电过程中利用先进系统替代蒸汽发电机技术。在有充足天然气供应的地区已经开始选择使用了燃气联合循环发电技术，该技术成本低、效率高、环境影响小，在有的国家甚至替代了大型水电项目。利用燃气轮机和联合循环系统而不是蒸汽机组实现热电联产，经济性更好，可以在能源经济体系中充当更重要角色。

往复发动机和微型汽轮机也是非常重要的热电联产技术，它们可以用在商业和居民建筑等小规模的用户。加氧部分氧化的煤炭气化技术可以生产以一氧化碳和氢气为主要成分的合成气，以实现一体化煤气化联合循环发电技术(IGCC) 发电。IGCC 的污染排放可以和天然气联合循环发电一样低。目前 IGCC 热电联产提供的电力已经能够与常规燃煤电站或热电联产进行竞争。

多联产技术也是化石燃料清洁化的重要方向。目前在单一生产设施中制造的合成液体燃料仍没有竞争力，但在同时生产多种产品的多联产过程中有超清洁合成气生成的合成燃料（如合成中间馏分和二甲基乙醚）可能很快就有竞争力。合成气可以通过天然气由蒸汽重整或其他方式生产，也可由加氧煤气化生产。在天然气贫乏而煤炭丰富的地区，可以进行基于煤气化的多联产。该系统可以提供作为副产品的合成气，可以利用管道将合成气输送到工厂或建筑等小型热电联产系统中，这样就可以在小规模条件下（大规模也同样）清洁和高效利用煤炭。在一些国家利用低质量的石油原料气化技术已经使多联产方式得到快速发展，为煤基系统的应用铺平了道路。

燃料电池技术正在受到重视。因为效率高和几乎不排放污染物，近年来燃料电池技术的发展很快，尤其是在交通领域。汽车制造商竞相开发燃料电池技术，计划在2010年左右进入市场。燃料电池汽车可以与已经进入市场的双燃料发动机和电池驱动汽车相竞争，将在未来汽车方面扮演重要角色。燃料电池的成功开发将会促进氢能的使用。采用合成气会为广泛利用氢气作为能源载体开辟道路，因为今后几十年内，从化石燃料中得到的合成气制氢是最便宜的方法。

7.2.4.2　核能技术

在世界范围内，核能提供了6%的一次能源，在电力供应中占14%。由于核电在供应能源时不产生常规空气污染和温室气体排放，如果先进核电技术能够实现低成本，在核反应堆安全方面加强公众信心，保障和平利用核能而不是用于军事目的，采取有效的核废物管理技术和措施，核能技术将是未来可持续能源系统中的重要选择。

在20世纪与21世纪之交，世界的核电发生了三件大事，从制定政策、发展战略、长远规划直到采取的实际行动，正切实地推进核电的发展，使人们看到了世界核电复苏的前景。这三件大事是：

◇关于第四代核电的技术政策研究。1999年6月，美国能源部首次提出第四代核电的概念。2000年5月提出在2020年前实现示范电站运行，2030年实现推广建设并确定了14条设计目标。2001年7月签署了“第四代国际核能论坛”的合约，约定共同合作研究开发第四代核能系统。2002年对开发6种反应堆技术达成共识。

◇俄罗斯总统普京推动核能发展的倡议。2000年9月6日俄罗斯总统普京在新千年峰会上发出推动核能的倡议：全世界广泛合作，共同开发一种符合自然安全原理的核反应堆和核燃料循环体系，解决21世纪的核能发展问题。俄罗斯制定了2050年前的核电发展战略及其2010年、2030年、2050年的核电发展规划。

◇美国制定新的能源政策，复苏核电的发展。2001年5月17日，美国颁布新的国家能源政策，要发展清洁的、资源无限的核能，把扩大核能作为国家能源政策的重要组成部分。世界其他国家，如日本、印度、韩国等也都制定了庞大的核电发展计划。

国际上目前运行的核电站大都属于第二代，正在开发第三代核能技术，目标是提高安全性和经济性，解决及其部署采用的问题。最近提出了第四代核能系统的概念，要求核电在经济性、安全性、核废物最少化和防止核扩散上有更高的目标。对第四代核能系统的研究也逐渐深入。从发展趋势看，第三代反应堆已经开始商业化，将逐渐成为核电市场的主导堆型。

2011 年 3 月 11 日下午，日本东北部海域发生里氏 9 级强烈地震，并引发大规模海啸，造成重大人员伤亡，并导致福岛第一核电站部分机组应急堆芯冷却系统遭到海啸破坏，丧失冷却功能，导致部分堆芯熔化。1 号、3 号机组反应堆厂房氢气聚集引发爆炸，2 号机组反应堆压力容器破损，4 号机组起火，事态不断恶化并严重影响周边地区安全。这次福岛核事故对整个世界的核电发展产生一定影响，成为世界核能发展史的又一分水岭。但人类总是不停地从各种事故中汲取经验教训，促进文明进步。世界各国进一步加强核电安全标准，强调安全是核电的生命线。发展核电，必须按照确保环境安全、公众健康和社会和谐的总体要求，把安全第一的方针落实到核电规划、建设、运行、退役全过程及所有相关产业。要用最先进的成熟技术，持续开展在役在建核电机组安全改造，不断提升既有核电机组安全性能。同时全面加强核电安全管理。

福岛核事故后各国对核电都采取了谨慎态度，核电发展的趋势将会放缓。

福岛核事故动摇了公众对核能安全的信心，也引进了各国政府对核安全的进一步重视。各国政府也都采取了相应措施。美国、英国、法国、俄罗斯等核大国正在运行的反应堆都有几十座甚至上百座，其核电装机占全世界的 60% 以上，这些国家首先关注的是在役核电站的安全问题。美国核管会成立的专题组经评估后明确得出结论：像福岛事故这样的事件序列在美国不可能发生，因此继续进行运行和发放许可证的工作不会对公众健康和安全构成紧迫的风险。其在役 104 座机组照常运行的同时，仍继续进行核电站寿命延期和新建核电站审批工作。英国政府对福岛核事故评估后也表示：没有看得出的理由需要削减英国核电厂和其他核设施的运行，并仍在规新建 16 座核电机组。上述国家在继续维持其在役核电站运行的同时，也认真总结和吸取福岛核事故的教训，对现有反应堆增加安全措施，进行技术改进。这些国家的态度和措施对维持世界核电站的正常运行起到了基础性的稳定作用。

但是也有些发达国家由此而采取了逐渐弃核的立场。德国因能源需求基本稳定，本来也无新建核电站的计划，福岛核危机后随即宣布弃核，将逐渐关闭现有核电站。瑞士仅有 5 座核电站，原计划 2034 年前陆续退役，福岛核危机后也宣布 2034 年最终放弃核能。意大利国内本来没有核电站，经公投放弃了拟建计划。这些国家核电规模本来不大，而未来对能源供应的增长需求较小，弃核后也有其他的能源替代措施。这些国家的弃核对世界核能供求的基本格局不会发生太大影响。

日本是福岛核事故的直接受害者，对社会和公众造成了极大物质损失和精神伤害，危机后菅直人首相曾发表过“去核”宣言，但后来执政者表态则比较谨慎。一方面日本国土狭小，地质条件差，地震等自然灾害多，发展核能的风险相对较大；但另一方面，日本能源资源贫乏，提高能源的自给率和能源结构的低碳化一直是日本能源战略的支柱，而核能一直是其重要的技术支撑。日本在役核电站有 50 多座，其发电占日本电力供应的 30%。弃核将对日本目前能源供应体系和未来低碳化目标产生颠覆性影响。其长期核能战略可能需要较长时间的评估和论证后才能最终确定。

福岛核事故后世界范围内进一步提高核安全标准，加快新一代反应堆技术的研发，促进核电事业长期健康和可持续发展。

三哩岛和切尔诺贝利核事故后，世界范围内也加强了对核电安全的重新评估，对核电的安全标准、监管体制和应急机制的改进都有很大推动作用，并且研发更具安全性能的第三代和第四代反应堆型，客观上对改善核安全起到促进作用。福岛核事故使全球核能发展趋缓的同时，也促使各国进一步审查和评估在役和在建核电站的安全性能，改进安全标准，增加安全措施，确保不再发生类似福岛的核事故的事件序列。

对福岛核事故教训的总结，新一轮的核安全评估，新的安全理念和安全标准的制定以及更先进堆型的研发都需要一定时期，世界范围内短期新建核电站的延期和压缩是必然的。从长期看，在认真评价和总结福岛核事故的基础上，新的安全理念和安全标准将进一步引导核电事业更加安全健康地持续发展，核能仍将是世界范围内未来可持续能源体系的重要支柱。

7.3　中国如何实现可持续的清洁能源战略

面对未来中国能源发展的重大挑战，包括一次能源供应、石油和天然气的安全保障、能源消费造成的环境污染、全球气候变化对减排 CO_2 的压力等，中国如何才能实现可持续的能源战略？如何以有限的资源满足可持续发展的需求？这是制定中国能源发展战略必须回答的问题。

中国工程院于 2008 年 1 月启动“中国能源中长期发展战略研究”重大咨询项目，并于 2011 年 2 月 28 日在北京发布《中国能源中长期（2030、2050）发展战略研究报告》（以下简称《报告》）。该《报告》将我国可持续发展的能源战略表述为“科学、绿色、低碳”，将节能、提效、合理控制能源需求列为能源战略之首，提出我国必须确立“人均能耗应控制在显著低于美国等发达国家水平”的战略思想。

根据中国工程院的估计，2050 年中国国内一次能源（常规能源）的最大可能获得量为：煤炭 30 亿吨，石油 2 亿吨，天然气 3000 亿立方米，水电约 450GW，核电约 400GW，加上其他一些国内能源资源，总计约 50 亿吨标煤（见图 7.1 和表 7.3）。再加上石油和天然气的进口，2020 年、2030 年和 2050 年中国一次能源的供应能力在分别在 44 亿吨标煤、45 亿吨标煤和 58 亿吨标煤左右。

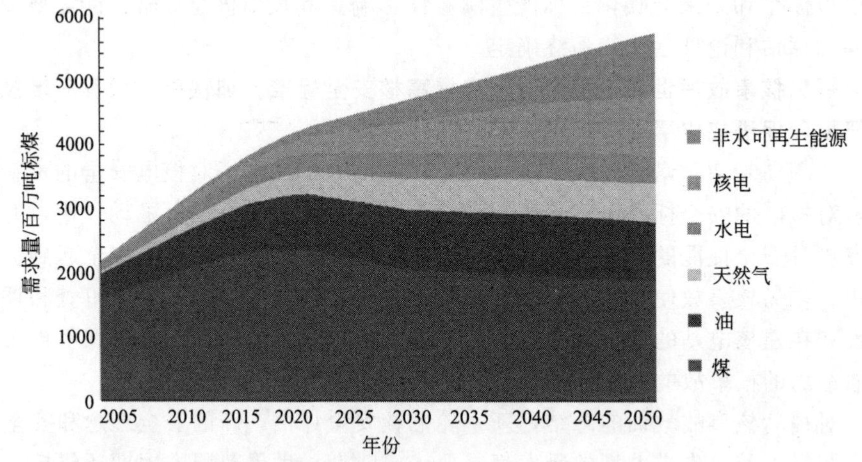

图 7.1　基于科学产能和用能的我国一次能源供应结构

可见未来能源供需矛盾十分突出。

表 7.3　2050 年中国国内能源可供量估计

项　目	实物量	标准量/亿吨标煤
煤炭	30 亿吨	21
石油	2 亿吨	2.9
天然气	3000 亿立方米	3.86
水电	450GW	5.4
核电	400GW	9
生物质	—	3
风能	400GW	2.4
其他		2.3
合计		49.86

而中科院在分析中国现代化进程中可能出现的经济社会发展情景、能源发展瓶颈问题和环境容量限制等时，预测 2020 年、2035 年和 2050 年分别为 45 亿吨标煤、61 亿吨标煤和 66 亿吨标煤左右。

需要对我国进行中长期的科学合理能源需求分析，改变现有的不可持续的能源增长方式；用较低的能源增长实现我国中长期的宏伟发展目标。《报告》认为，我国可持续发展的能源战略，可表述为“科学、绿色、低碳能源战略”，其基本思想可概括为：加快调控转型，强化节能优先，实行总量控制，保障合理需求，优化多元结构，实现绿色低碳，科技创新引领，体系经济高效。

由六个子战略组成。

战略之一：强化“节能优先、总量控制”战略

节能、提效、合理控制能源需求，是能源战略之首。对我国这个人口多、人均资源短缺的国家，必须确立“人均能耗应控制在显著低于美国等发达国家水平”的战略思想。美国的人口占世界总人口的 5%，却消耗每年能源总量的 20%。这样的人均能耗不可学习！“中国只能用明显低于发达国家的人均资源消耗实现现代化”。这项战略旨在使实现国家第三步战略目标的总能耗（特别是煤炭石油消耗“天花板”）最小化，以较低的能源弹性系数（<0.5，并随时间进一步降低）来支撑经济发展。其中，将 2020 年的总能耗控制在 40 亿吨标煤左右，是一个十分困难又十分有意义的战略指标。基于粗放发展的惯性，实际的经济运行很可能超过这个目标几亿至十亿吨，这将导致煤炭消费大幅度超出科学产能的实际能力，使我国资源环境和能源安全态势更加趋紧。反之，如果大力调整产业结构，控制二产，特别是高能耗产业，同时，把 GDP 年增长掌握在 7%～8%左右，注重发展的质量、效率和环境友好，这个目标是有可能实现的。这项战略的强化实施，将有力推动我国产业结构调整和经济发展方式的转变。

战略之二：煤炭的科学开发和洁净、高效利用和战略地位调整

煤炭目前是我国主力能源，煤炭的洗选、开采和利用必须改变粗放形态，走安全、高效、环保的科学发展道路，它在我国总能耗中的比重应该也可能逐步下降，2050 年可望减至 40%（甚至 35%）以下，其战略地位将调整为重要的基础能源。煤炭年消耗的绝对量，近一二十年内仍会有所增加，经努力，有可能在 2030 年前尽早达到峰值，此后，总能源的增量将由洁净新能源补充。采用先进的煤炭生产和高效利用技术，促进煤炭生产的安全度、煤炭的利用效率和洁净度较大幅度提高，煤的洁净化利用，不仅是一个战略方向，而且要成为可定量衡量和检查的指标。根据“煤炭科学产能”概念，应该也可以把合理的煤炭安全产能控制在 38 亿吨以内。

战略之三：确保石油、天然气的战略地位，把天然气作为能源结构调整的重点之一

确保石油在今后几十年的安全供应和能源支柱之一的稳定战略地位。石油国产每年2亿吨可继续保持几十年，但我国石油储采比较低，对外依存度将进一步走高。石油的战略方针是：大力节约，加强勘探，规模替代，积极进口（消费和战略储备）。

天然气（含煤层气、致密气、页岩气和天然气水合物等非常规天然气）是较洁净的化石能源，我国潜在资源较丰富，应该也可能大力发展，应把它放到能源结构调整的重点地位上来，增大其在我国能源中的比重。2030年可达到国内产天然气3000亿立方米，加上进口可达4000～5000亿立方米，将占到一次能源的10%以上，使其成为我国能源发展战略中的一个亮点和能源结构中的绿色支柱之一。

战略之四：积极、加快、有序发展水电，大力发展非水可再生能源，使可再生能源战略地位逐步提升，成为我国的绿色能源支柱之一

水电是2030年前可再生能源发展的第一重点。资源清晰、技术成熟，在国家政策上，应促进其积极、加快、有序发展。2020年、2030年和2050年分别达到装机3亿千瓦、4亿千瓦和4.5亿～5亿千瓦。

因地制宜，积极发展非水可再生能源。2020年前应重在核心能力的创新、技术经济瓶颈的突破，重点解决风电提高经济效益、太阳能光伏与光热发电降低成本、间歇性能源并网和纤维素液体燃料技术等，扎实打好基础，做好示范，逐步产业化、规模化。大力推广已有基础的太阳能热利用、生物沼气，积极发展海洋能、地热能。高度重视垃圾的分类资源化利用。实现我国农村的能源形态现代化。非水可再生能源在2020年、2030年和2050年的总贡献有可能分别达到2亿吨标煤、4亿吨标煤和8亿吨标煤左右。

可再生能源（水和非水）的战略地位将由目前的补充能源逐步上升为替代能源乃至主导能源之一。

战略之五：积极发展核电是我国能源的长期重大战略选择，可以成为我国能源的一个绿色支柱

经过努力，铀资源（国产和进口并举）不构成对我国核能发展的根本制约因素，核电的安全性和洁净性可以保证。2050年核电可提供15%以上的一次能源，并继续发展，成为我国能源的绿色支柱之一。

战略之六：发展中国特色的高效安全（智能）电力系统，适应新能源的分布式等用电方式和储能技术

在我国能源结构中，电力所占的比重将逐步增加，而在电力结构中，非火电的比例将逐步增加，而煤电在电力中的比重将逐步下降，2050年可降至35%左右。

第 8 章

实现可持续发展的能源政策

可持续能源战略及其政策要解决的关键问题是如何扩大可靠的和支付得起的能源供应范围，同时减少能源使用中负面的健康和环境影响，即政策和政策体制应着重于扩大供应能力、激励能源效益的提高、加速可再生能源的普及、拓展先进清洁化石燃料技术的使用以及提供核电的发展机会。

能源战略和政策的目标主要是利用市场效率来实现可持续发展，并采取额外的措施加快改革，消除障碍和市场缺陷。只要有恰当的体制、信息和管理体系，市场就能够有效实施可持续发展的目标。但是不能期望市场自身去满足最容易受伤害群体的需求和保护环境，这就需要政府采取目标政策和管制方法。需要尝试不同的方法，并同时借鉴其他国家的经验。

8.1 更好地发挥市场作用

8.1.1 市场与政府干预

市场在能源投资决策和能源价格的确定上发挥着日益重要的作用。自由化能源市场越来越盛行，其部分原因在于市场为导向的经济模式成功地带来了经济效益的提高。市场强迫相互竞争的生产商降低生产中昂贵的投入并通过提高生产率获得收益。这形成了持续不断地进行技术革新的压力，迫使企业不断提高将资源转换成有价值商品的效率和服务效率。在计划经济国家中或者市场经济国家中的垄断部门则缺乏这种压力。同样的，由于任何国家的投资都是在未来信息不完全的情况下做出的，错误的投资（有时候是巨大的）是经常发生的。在市场经济体制中，消费者可以从投资效益不好的供应商转到收取较低价格的竞争者。这就迫使价格高的供应商降低价格，而相应的损失就会被供应商的股东承担而不是消费者或纳税人承担。

在一个由垄断、国有企业占支配地位的国家中，或者在市场经济国家中的垄断部门，消费者缺乏这样的选择。社会的所有成员必须要承担一项没有经济效益投资的所有损失，且对垄断生产商来说没有压力放弃这样的投资直到该工厂或设备的运行寿命结束。政府官员或垄断企业的管理者在决定价格时，经常是基于政治的考虑或不同利益集团如农场主，居民，或工业家的相对游说强度，几乎没有动力去提高现存设备的运行效率或者甚至没有考虑消费者是否有相应的支付能力。

例如20世纪美国的能源市场，它比绝大多数国家的市场更具有竞争性，已经实现了能源供应成本的极大降低。1900年美国消费者花费了3%的收入购买能源，而能源支出占总消费支出的比重已低于3%，尽管在这段时间期内能源消费和基于能源的享受急剧增加（例如，电器、集中供热和制冷、交通和电子设备）。

在竞争的作用下，市场比行政系统能更好地分配资源。但是市场无法充分考虑能源供应和使用中的社会和环境成本。减少市场扭曲，为市场机制开拓道路，使可持续能源在市场中占据合适的位置，就成为政府制定政策的依据。在经济系统中有着不同的方法去描绘市场和政府的相对角色。图8.1依据政府对经济进行干预的范围和形式描绘了政府的作用。一个高度国家干预主义手段（如图8.1右侧所示）有如下特征：国有企业和机构、中央规划、受政策管制的价格和价格补贴还有命令控制型的法规条例。非干预主义、以市场为导向的手段（如图8.1左侧所示）有如下特征：私有企业（仅在纯粹自然垄断下出现垄断）而非国有企业，价格主要由市场决定，处理外部性的主要方法是价格调节（税收和税收减免）。对于任何市场或市场的子部门，或者任何特定的公众关心的市场，有许多途径让它在图8.1所示的干预范围内定位自己的干预程度。无论处于任何特殊的位置，社会都有机会去提高市场和政府的运营绩效。

最小干预——强调市场和市场工具		充分干预——强调公共所有权和中央计划
← ← ←		→ → →
私人所有权	最小的公共所有权	公有垄断
尽量用竞争代替垄断	市场为指导的法规	投资的中央计划
由竞争市场决定价格	有限的公共商品补贴	行政命令和管制法规
外部性税收		根据成本变化控制价格
没有公共商品补贴		广泛的公共商品补贴

图8.1 能源市场中政府干预的范围和形式

8.1.2 用最小的政府干预解决外部性问题

环境的外部性是一个日益增长的挑战，需要政府某种形式的干预。因为现有的能源系统距离可持续性依然差得很远，需要努力将负的外部性特别是环境的负面外部性内部化来改进市场运转。这部分集中在政策分析上，旨在寻找依靠信息和价格政策在市场中的作用来解决外部性的政策，从而达到最小化政府干预的目的。用最小的政府干预来影响价格的政策包括征收排放税，提供财政补贴对环境友好技术给予激励，以及提供信息和道德依据去改进人们的行为方式。

（1）排放税

经济学家已经证明，某些时候设定一个相当于外部损害边际价值的单位排放税能够促使消费者和公司减少排放，直到减排边际成本等于排放税。

排放税有以下几个明显的优点：

• 它和一般的市场规则能够达到激励相容。排放税可以保持对创新的持续激励，从而使企业减少排放，降低纳税成本。

• 如果每个工厂减少排放使得最后所有工厂的减排成本都相等，那么社会就达到总减排水平最小化。

• 排放税避免了政府介入技术选择或者私人行为选择。社会的每个成员以各自的排放量为基础缴纳排放费用但是他们不会被禁止引起污染的活动。社会成员可以根据税率选择他们喜欢的行为和技术，但是社会最终将达到总量的减排。

（2）经济激励

改变市场失灵的另一种方法是给环境友好技术提供补贴（经济激励）。激励形式包括投资补贴、投资免税以及确保某种技术下的供应者价格。20 世纪 90 年代，《英国非化石燃料公约》利用对电网用户收费的收益向风电及其他有益技术的投资者提供补贴。美国政府对风电投资者免税，德国政府对风力发电确保最低上网电价。巴西电力工业需要将收益的 1%用于提高电网效率工程。国际范围内的一个例子是，全球环境基金和京都议定书下的清洁发展机制，该机制是从工业化国家向发展中国家转移资金的例子，用于鼓励更清洁的能源技术的投资。

经济激励与排放税拥有同样的效果：

• 如果设计合理，经济激励也可以与边际相等原则的最小化成本一致；比如激励可以设计为奖励需要最低补贴的技术，从而对于降低成本的革新给予不断的激励。

• 经济激励不会遇到税收增加的政治反对。财政上的补贴最终由政府收益支出，而政府收益一般来源于税收，但是这种激励和税收之间的联系是不明显的，因此也很少导致负面的政治反对。

• 对于专门技术的降低成本和商业化战略提供经济激励相对比较容易，因为规模生产会带来规模经济和再制造、传播和应用方面的知识经济。

(3) 购电法

这是以价格为基础的一项政策，该政策明确说明为可再生能源支付的价格。实际获得的可再生能源量取决于特定地区可以获得的可再生能源类型以及相对于并网价格的成本。购电法提供给可再生能源开发商的是得到担保的电力销售价格，以及电力公司的购电合同。

(4) 信息和道德方法

图 8.1 左边的另外一种方法是提供信息和道德理由来改变公司和家庭对于现行价格的反应。这个方法不包括改变市场价格。公司和家庭在调整其市场行为以反映全部社会成本时，政府需要为其提供道德理由。为此政府可以用榜样引导并鼓励其他人效仿。政府可以在其有直接控制和管理权的经济部门（比如国有公司、公共地、公共建筑）采取行动，同时尝试确保社会其他成员——消费者、劳工组织、持股人以及公司经理也采用自愿行动。利益集团和政府可以鼓励消费者通过绿色市场、生态标签甚至产品抵制的购买决策，来实现环境和社会效益与经济成本相平衡。劳工组织在他们的合同谈判中可以包含环境和社会目标。投资者可以提供道德基金将实体行为按照成本、环境和社会标准分类。

当然，道德观是短期易变的。当人们的注意力从一个问题转移到另一个问题的时候，工业化国家消费者的选择和道德考虑变化非常快。而且，如果具有很高环境收益的技术或燃料在短期内有着较高的成本的话，选择环境友好技术对于世界一半极端贫穷人口的代价太大。

8.1.3 用市场导向的方法解决外部性问题

完全依靠市场的方法是非义务性的、没有干涉的，因此消除外部性实现环境目标的机会较低。管制、干涉方法可能有较大的机会实现环境目标，但是其成本较高而且政策上可能有困难。近年来，出现了包容两方面的政策。下面的讨论分别是这些复合政策的财产权和市场导向的管制方法。

(1) 分配财产权

经济学认为，在分配了财产权并受法律保护的时候，市场是最有效的；在不能保证财产所有权的情况下交易是很难进行的。因此，一种建议就是把容易产生环境损害的公共资源用某种财产权形式明确下来。在这种思路中，分配财产权能使参与者使用法律的机制来决定排放污染的合适补偿，甚至制定合适的排放标准。

(2) 市场导向的法规

市场导向的法规是一种目标管理的法律形式，例如经济范围内排放限制等，是义务性的，所有公司和家庭都会受影响，并且不服从还会导致财务上的惩罚。市场导向的法规不同于传统的命令和管制法规，而更像一种环境税收，参与的方式取决于公司或家庭。一些人通过削减排放或获得指定技术，对实现总体目标有所贡献；而另外一些人则通过付费而使其他人做得更多，从而补偿他们不愿意削减排放或获得技术的行为。

最著名的市场导向的法规案例是限制－交易许可机制。这是一个适于任何实体（几个公司、整个国家或全球）的设置了总排放限制的法规。排放限制的份额通过某种方法（历史水平、拍卖，或这些方法的融合）作为许可权分配给每个参与者。这些份额提供了一种特殊的权利，它允许污染可以像任何财产一样进行交易。

（3）美国 SO_2 交易许可政策

在政策范围内，可交易排放许可计划为公司（或家庭）融合了管制和类似于市场的灵活机制。总量上的管制设置了允许排放的最大值，并且其总量通过一些标准（历史排放、拍卖，或这些方法的结合）作为排放许可来分配给参与者。市场灵活性是通过明确排放许可作为可交易财产而实现的。参与者根据自身的利益决定削减排放量，以及是否买卖许可证。积极的许可证的交易价格为技术创新和新的减排实践提供持续的经济激励。

（4）可再生能源配额制

工业化国家（欧洲、北美、澳大利亚）已经在电力上实施了可再生能源配额制（renewable portfolio standard，简称 RPS）。RPS 要求电力供应商（或购买者）确保市场上所售的电力有一个最小的百分比来自于风能、太阳能、生物质能、小水电或其他指定的可再生能源发电。为了降低总成本，与污染许可交易方法一样，电力供应商能相互买卖绿色证书（可再生电力生产认证）。对可再生电力没有保证价格，只有保证的市场份额。这保持了削减成本的竞争压力，因为可再生电力生产上的任何成本的削减都会带来更高的回报或对某个可再生电力生产者而言的更大的市场份额。每个电力购买者都支付了由该领域新的可再生能源发电、传统电力供应组成的综合电价，RPS 对费率的影响微不足道。RPS 的初始目标要适度，要给出市场调节、缓解竞争压力以及降低可再生能源成本实现商业化的时间。

（5）车辆排放标准

这是一项针对能源替代技术的政策。车辆排放标准（vehicle emission standard，简称 VES）要求汽车生产商保证各类车辆达到最高排放标准的最小销售份额。该政策源于 1990 年加利福尼亚州，它已经成为了该州致力于提高地区空气质量的关键。VES允许生产商进行相互交易，以实现整体目标；这一灵活性降低了实现减排目标的成本。近来VES已经在推进如油电混合动力汽车、电动汽车以及燃料电池电动汽车等革命性的新车辆技术中起着重要的作用。

8.2 强化技术创新

8.2.1 能源技术创新链

目前使用的技术在实用性和经济性方面均不足以为提供21世纪所需要的能源服务，并同时保护人类的健康和环境稳定。充分支持先进技术和新技术组合的形成是实现能源可持续发展政策必须考虑的问题。

能源创新链可以划分为三个阶段：研究和开发，示范，推广，这里的推广包括新技术的早期应用和广泛普及。每一个阶段有截然不同的要求，要面对特定的障碍，并且要求不同的政策措施来克服这些障碍（见表8.1）。例如，政

表8.1 能源技术创新链：障碍和政策选择

项目	研究和开发（实验室）	示范（试点项目）	推广普及	
			早期（技术成本降低）	广泛推广（克服制度障碍并增加投资）
主要障碍	·政府考虑发资金问题 ·私营公司不能获得他们研发投资的全部收益	·政府考虑对有困难的示范项目提供基金 ·私营部门获利难 ·技术风险 ·资金成本高	·对增量成本降低提供资助 ·潜在的成本降低的不确定性 ·环境和其他社会成本不完全内部化	·投资、储蓄和法规制度和过程的软弱 ·对传统和缺乏竞争力技术的补贴 ·不含外部性的竞争技术的价格 ·零售、供给、融资和服务上的问题 ·缺少对消费者和市场的信息 ·环境和其他社会成本不完全内部化
克服障碍的政策选择	·制定研究工作的优先权 ·直接公众基金 ·税收激励 ·强制技术标准 ·鼓励合伙研发网络和协作	·对示范项目直接支持 ·税收激励 ·降低成本或贷款担保 ·对示范项目的能源产品提供短期价格担保	·临时津贴 ·税收激励 ·政府采购 ·自愿协定 ·有利的出口退税关税政策 ·有竞争力的市场和主动改革	·分段取消技术补贴 ·促进竞争措施 ·在能源定价方面全部计算外部性 ·“绿色”标签和营销 ·让利和其他市场机制 ·改革零售融资和消费者信贷方案 ·清洁发展机制

府的支持（投资、激励、法规、政策等形式）在研究和开发阶段通常是非常重要的，特别对于新技术的长期研究。

在这些新技术、工艺、建筑设计和基础设施达到商业化之前需要几年甚至几十年（取决于技术）来研究、开发和示范。一旦技术实现了商业化，一般要花费几十年来占有主要的市场份额。为了在一或两代人的时间内通过技术来实现可持续发展必须强调沿着创新链加速发展的必要性。

8.2.2 政府的技术创新政策和方法

研发和示范活动不能对私营部门产生足够的激励。但是这些活动的结果能够对全社会产生巨大的效益。在这种市场失灵的情况下，政府就必须进入并支持研发和示范活动。通过财政手段支持研发和示范，维持高水平科研基础，建立适宜教育系统，以及形成吸引人的创新环境是政府的中心任务。决定政府是否应该财政支持能源研究的主要标准有：

• 该技术是否是期望的对实现可持续能源前景有所贡献？为此，需要考虑（国家）能源资源的可利用性，国家对能源进口的依赖度，减少能源消费环境影响的需求等。

• 它能加强国家的工业吗？在对局部社区提供就业的同时，它能加强（国家的）工业在全国和全球市场上的竞争吗？

• 专业领域的研究基础质量如何？为了在国家能源研究中实现集中和选择，在全球范围内评价国家在某一特定领域的研究基础水平非常重要。但是，永远应该有从事研究新的能给能源领域带来新途径的非传统方向的空间。

(1) 促进 RD&D 的政府干预

用于激励 RD&D（Research，Development，Demostration）的政府工具有：

• 制定研究的优先领域。通过制定研究的优先领域，政府可以清楚地表明其所需的研究重点。这将影响学校、公共科研机构和企业的 RD&D 计划，特别是在提出了具体的 RD&D 项目的主题时。希望得到的效果是将 RD&D 引向能源领域中迫切需要的或战略性的研究领域。

• 直接提供公共资金。通过直接提供 RD&D 经费（通常这些经费来自政府的税收，有可能就是能源消费税），政府可激励企业和研究机构投资开发特定的能源技术。通过转变 RD&D 资金的使用，政府可以刺激先前不太受注意但前景不错的项目的开发，如提高能源效率、可再生能源的应用和化石燃料的清洁使用等特殊技术的开发。

• 技术强制标准。技术强制标准提出一个现行技术下无法实现的水平（如能源消费水平、排放水平）。这些要求将促使企业投资创新技术的开发。如加州曾激励零排放汽车的开发和生产。

• 技术开发合作协议。政府力图与产业界达成协议来激励技术开发。在这些协议中，企业承诺在一定的时间内致力于开发一项技术。协议的一部分就是支持 RD&D 以达到预定目标的“公-私”委托。

• 创建和促进合作网络。通过创建有关企业、学校和半公共研究机构等参与者之间的网络及合作，政府可以加强 RD&D 供求间的竞争及知识和创新技术的实际应用。这样的合作将引导 RD&D 的合作伙伴关系。通过这种伙伴关系政府可以调节自己的 RD&D 资金资源来引导私人部门对 RD&D 的实际投资。

(2) 促进技术扩散的干预

政府政策也能在能源创新技术早期应用和广泛扩散中起主导作用，干预的例子如下。

• 设定目标。政府可为提高能量使用效率、可再生能源的使用和减少化石燃料的排放设定宏伟的目标和切实的时间表。

• 能源开发特许。政府通过竞价或其他方式将一地理区域分配给私人企业特许他们在这一区域开发能源（如风力资源）和（或）提供能源服务。

• 动态绩效标准。政府将绩效标准视为时间的函数，这样制定的标准将影响企业投资应用创新技术的决定。动态绩效标准也可用于提高设备的能源效率。

• 技术标准。通过指定或禁止某种技术，政府可以积极主动地提出希望采用的技术或不希望采用的技术。

• 自愿协议。这是企业间为提高能量使用效率和/或减少对空气的排放而制定的协议。在荷兰，政府和产业界的绝大部分部门间制定了一个协议：1989 年到 2000 年间要将能量消耗效率提高 18 个百分点。该协议非常成功，且结果是提高了约 20%。

• 税收和收费。通过改变财政激励的结构，税收和收费可促使技术朝期望的方向发展：具有负外部性的将被征税而具有正外部性的将得到奖励。

• 排污权交易。政府设定一个总体的，并逐步减少的排污许可权。一个国家或地区的排污许可权以许可证的方式分配给企业。企业可以自己使用或用来与其他企业进行交易。

• 绿色认证。生产者每产出一单位的可再生能源的能量，就得到一个绿色证书。绿色证书可在国内或国际市场上进行交易。这可和其他的一些能源政策一起使用。

• 上网电价。为可再生能源电力进入电网制定固定的价格，这在促进技术扩散方面取得了良好的效果（如德国的风电和光电系统）。

• “落日”补贴条款。引入事先决定了期限的补贴。

• 绿色价格。为来自可再生能源的能量制定比来自传统的污染型能源的更高的价格，而这个差价是被消费者所能接受的。

• 预备风险金。缺少风险资金是阻碍创新技术的引进及后继使用的瓶颈。通过提供和增加风险资金，政府可以资助资金密集阶段的技术创新。

• 技术采购。政府通过保证一定的市场需求来减少将技术引入市场的风险。

8.2.3　工业化国家和发展中国家的合作

促进工业化国家和发展中国家可持续能源的发展需要这两方国家更加密切的合作，特别是在技术革新、增强地方能力、增加培训和信息交流等领域。

发展中国家在化石燃料的能源效率、再生和清洁使用方面亟须进行技术革新。通常，这些国家的技术操作环境与工业化国家完全不同，例如，低下的电力质量，较高的粉尘浓度和较高的温度。这些都需要与工业化国家完全不同的解决方案。在工业化国家规模生产及市场机制和生产环境等都十分成熟完善下的技术，并不是小规模生产及其他发展中国家所面临的环境下的最好选择。使发展中国家的可持续能源成为现实，需要在技术创新、试点示范及加快技术和市场的成熟方面进行一系列的努力。合作可以通过合作办厂、技术许可和地方补助的方式进行。

（1）鼓励发展中国家的技术革新

发展中国家不用走今天工业化国家的老路，而是有机会直接选择更加清洁高效的现代能源。从他们迅速增长的能源需求、刚刚起步的基础设施和自然资源禀赋来看，一些发展中国家可以从技术“跨越”中受益。某些情况下，发展中国家甚至更容易采用接近“零排放”的新技术，这样就解决了所谓的环境保护与经济发展之间的固有矛盾。

发展中国家在技术跨越方面有很多的例子。中国的沼气技术处于世界领先地位，而巴西从生物质提取乙醇作为交通运输的燃料，他们在这种燃料的生产和使用方面领先。跨越今天工业化国家的某些技术发展历史阶段是一个广泛被人接受的原理。但发展中国家面临众多的发展压力，他们没有能力来承担技术革新带来的风险。

一般而言，发展中国家，特别是那些工业化进程迅速的国家，为技术变革提供越来越有利的环境。大多数发展中国家正经历着对能源服务需求迅速增长的阶段。这是技术变革成功的必要条件。而且，许多工业化进程很快的国家国内市场巨大，并且正在建立强健的国内资本市场和市场改革，这些将形成更有利的投资环境。发展中国家需要与工业化国家不同的新技术。比如，大多数发展中国家处于基础设施建设的初期，他们需要大量的基建材料和发展基建的新技术。与此相反，在发达国家基建材料需求已达饱和，相关的技术需求也很小。先进的能源生产和使用技术的初级阶段是低污染的。这在应付日益被发展中国家所重视的环境问题时具有一定的优势。“末端”处理方案通常是昂贵的，而且随着法规制度变得更加严格将成为沉重的负担。这是大多数发展中国家考虑的一个重要因素。

所有的这些因素表明，如果发展中国家抓住了早期发展的实质性机会，新的可持续能源技术将十分具有竞争力。因此，技术跨越是帮助发展中国家实现向可持续发展转型的一个十分有效的战略。

(2) 与发展中国家能源技术创新相关的国际政策

发展中国家对能源技术创新的要求与这些国家与此相关的低水平状况形成尖锐的对比。根据发展的要求，帮助发展中国家进行能源技术革新的多方和双方协助是十分必要的。这对工业化国家也有潜在的利益：可以进入发展中国家的能源市场并受益于跨界空气污染和温室气体排放的减少。

如果可持续能源要在发展中国家的能源服务体系中发挥作用，人和机构能力的建设十分必要。能力建设优先考虑的一个问题是，为生产、经营和使用可持续能源技术的公司的能力提高提供培训。技术培训可以通过建立区域机构来实施。

建立国际机制来引导私人部门及一些双边和多边的公共部门的资源，是他们从世界各地流向发展中国家以帮助他们进行能源技术创新是非常必要的。这将加强已成功的发展项目，或者产生新的国际合作企业或项目。这些项目在发展中国家进行能源改革，以支持可持续发展的目标。

由于工业化国家的技术有时并不适用于发展中国家，因而还需要 RD&D 来探索新的能源技术以满足发展中国家的需要。此外，更好地了解在各种地方条件下能源技术改革效果也需要进行研究。

合作开发被广泛地认为是一种在各个发展阶段都有效的技术转移途径。有必要从“捐赠驱动”(donor-driven) 技术转移转变到“国家需求驱动”(national needs-driven) 的技术转移。企业和消费者的介入可使技术转移变得便利。无论在区域还是在地方，政府都是环境有好技术的最直接最有影响力的参与者。

目前，大多数的技术转移是沿“南北”轴进行。然而，双边援助、多边合作项目和积极参与世界资本市场等创造性的途径为开发“南南”转移提供了机遇。增强南南转移意义重大，因为发展中国家面临的挑战与工业化国家并不相同，但在其他发展中国家可能存在解决方案。增强南南转移的方法包括：共享发展中国家可持续能源技术的信息；建立能源 R&D 合作和示范项目；建立从其他发展中国家引入可持续能源的开放市场。

8.2.4　制定能源科技发展路线图

因为能源产业具有投资大、关联多、周期长和惯性强的特点，因此一个国家或者地区需要制定时间节点明确、时间跨度较长的能源科技发展路线图，为提高能源科技领域的创新和发展提供发展思路、途径指引和目标导向。能源科技发展路线图的研究与制定需要立足于能源科学技术领域，提出能源科学需求、描绘未来愿景、分析科技任务、评估并选择可以实现的技术及其实施方案，确定实现能源科技目标的技术路线，帮助决策者确定未来能源科技的发展战略。制定力求方向明确、任务具体、重点突出和实现性强。基本框架包括时间线，涵盖需求、任务、技术选择、研究计划以及政策和资源保障的五个重要因素，以及重要时间节点。总之通过制定并实施中长期能源科技发展路线图，可指导构建可持续能源体系。

近 10 年来，能源科技发展路线图作为一种战略规划预见方法得到了广泛的应用。很多发达国家都制定了能源科技发展路线图，用于本国科学研究和技术发展的规划和预测，以及国家能源战略政策的制定。例如，澳大利亚可再生能源技术路线图、欧盟可再生能源技术路线图、多个国家共同制定的第四代核能系统技术路线图、日本到 2030 年能源战略技术路线图和日本 2100 年能源战略科技路线图等。上述路线图短期为 5～15 年，较长的为 20～30 年，更长可到 100 年。

中国科学院曾发布中国至 2050 年能源科技发展路线图。该路线图指出：重点瞄准高效非化石燃料地面交通技术、煤的洁净和高附加值利用技术、电网安全稳定技术、生物质制取液体燃料和原材料技术、可再生能源规模化发电技术、深层地热工程化（EGS）技术、氢能利用技术、天然气水合物开发与利用技术、新型核电和核废料处理（ADS）技术、具有潜在发展前景的能源技术（包括海洋能、新型太阳能电池和核聚变）等 10 个重要技术方向，着力突破关键技术，推进相关技术集成、试验示范及其商业化应用。

近中远期的战略安排分别如下。

2020 年前后，突破新型煤炭高效清洁利用技术，初步形成煤基能源与化工的工业体系；突破新型轨道交通技术、纯电动汽车，初步实现地面交通电动化的商业应用；在充分开发水力能源和远距离超高压交/直流输电网技术的同时，突破太阳能热发电和光伏发电技术、风力发电技术，初步形成可再生能源作为主要能源的技术体系和工业体系。

2035年前后，突破生物质液体燃料先进技术并形成规模化商业应用；突破大容量、低损失电力输送技术和分散、不稳定的可再生能源发电并网以及分布式电网技术，电力装备安全技术和电网安全新技术比重将达到90%，初步形成以太阳能发电技术、风力发电技术等为主的分布式、独立微网的供电和输电系统；突破新一代核电技术和核废料处理技术，为形成中国特色核电工业提供科技支撑。

2050年前，突破天然气水合物开发与利用技术、氢能利用技术、燃料电池汽车技术、深层地热工程化技术、海洋能发电等技术，基本形成化石能源、新能源与可再生能源、核能、水能等多元能源结构，以自主创新技术为支撑的中国特色新型能源工业体系。

8.3 能力发展

8.3.1 能力发展的必要性

能源系统和社会、经济还有可持续发展的环境因素等多个方面都有着密切联系。为了满足人类需要，促进发展、增长，消除世界上普遍存在的贫困状况，必须保证能源服务的可行性。这些能源服务的产生和传递建立在基于能源部门内部，经济领域和整个社会的行为政策之上。能源服务的销售、使用和配给则依赖于很多能源部门以外的因素和机构。政策制定、法规、执行和监管都对公共部门和私人部门的员工素质和机构能力要求很高。

如果能源系统有助于可持续发展，那么机构、系统和个人的能力发展，还有许多不同的利益相关方现有的能力建设都是必要的。所有的利益相关方在政策规划和实施上都起着重要的特殊的作用。需要分析他们在能源系统和相关的政策对话中需要什么样的能力发展以及发展到什么程度。

能力发展已经成为管理中的一个基本要素，它的概念也有了新的范围。管理必须包含三个基本要素：政治体制的形成；当局在一个国家经济和社会资源管理中锻炼的过程；政府机构设计、规划和执行政策的能力。管理需要公众系统中的能力，由于政府职能已经改变了，所以有效地执行这些职能的能力也该随之改变。

对于新的能源系统的结构和功能进行更好的了解和更清晰的诊断是必不可少的，但是在关于宏观经济改革，政府管理，国家的作用的讨论中却往往忽视了这一点。在必然包括能源解决途径的新的运行环境下，要求政府根据它在维系市场和能源系统运转中的责任去扮演一个重要的新角色。这样的改变也会对私人生产部门、科技界和公众社会的行为产生影响。这些都是为什么需要进行能力发展的最重要的原因。

8.3.2　能力发展的利益相关者

在可持续发展的能源的框架中，一个首要的目标是要辨别出各式各样的利益相关者及其在能源领域中的明确的角色。利益相关者来自公共部门，也可来自私人部门。在国家层次和地区层次上，能力发展和能力建设活动能带来不同结果，利益相关者就是这些活动的“天然的”接受者。利益相关者也是重要的传播者。在能力发展的讨论中，他们是主体和客体。在可持续发展的能源的讨论中一些最重要的利益相关者包括：政府，公共部门，民用设施，和政府机关，私有生产部门，民众社团，学术界、研究机构、专家、科学家、咨询机构，媒体。

表 8.2 中列举了 14 种主要的利益相关者，主要是基于他们在能源部门和能源系统中的不同的功能来划分的。表中对各自的功能进行了概要的罗列，重点指出了那些能够影响能源系统应对可持续发展挑战的整体能力的关键角色和责任。图 8.2 表示了利益相关者的作用和相互关系。

在表 8.2 第 1～6 行中包括的利益相关者及其活动属于“政府”的广义范畴，与政策的制定和执行相关。他们的功能主要体现在政治、法律、制度、经济、社会、环境和技术方面，因此本质上就非常复杂。第一群体是对政策方面负责。第 7～10 行中列出的利益相关者组成了私人生产部门的重要部分。这个部门既包括能源供应和服务的生产，也包括使用能源作为投入以支持经济和社会中其他活动和产出。在这个范畴的利益相关者中，能源是市场化的商品，具有私有产品的大多数功能。第 11～14 行中列举的利益相关者是系统的其余部分的能力的可得性或者“供给”的一部分。他们经常被看成是能力发展的传播的途径。他们通常包括那些尽力于可持续发展而工作的非政府组织或者民众社团组织，也包括提供学术意见或者技术成果的能源专家。

表 8.2　可持续发展能源中的利益相关者

利益相关者	功能/活动
1. 立法机构/任职官员	确定国家政策重点；社会、经济和环境目标；法律框架的氛围
2. 政府宏观经济和发展规划者	确定发展目标和宏观政策；总体经济政策；跨部门事务；补贴和贸易政策；可持续发展目标和框架
3. 政府能源机构或者部门	设立部门发展目标；技术发展重点；制定政策和设立标准的职能；法律和法规框架；激励体系；国家、省（市、自治区）以及局部地区各层次的管辖
4. 能源规章制度团体	拥有监控和监督的职能；实施规章制度；对收费和激励政策的实施进行管理
5. 市场协调组织	分配实体；拥有运行协调职能；协调行业里的投资者；信息中介

续表

利益相关者	功能/活动
6. 非能源政府机构/部门	部门政策；跨部门事务；与能源政策的相互关系；公共部门能源消费者；需要社会服务供给的能源投入
7. 能源供应行业	私人公司和公共事业；管理能源供应，电力生产；燃料管理和运输；为一些研发投资
8. 企业和生产型行业	开展贸易；经济增值；利用电力；私人部门能源消费者
9. 能源设备和终端使用设备制造商	为能源部门和其他部门提供设备，包括交通工具和器械用具；影响能源终端使用的效率；采用/推广技术；为一些研发投资
10. 信用机构	为大型和小型能源生产提供融资方案；为使用能源的企业提供资金；为居民能源用户提供融资方案
11. 民众社团/非政府组织	消费者的参与和意识；监控和监督；环境和社会方面的主张；对平等的考虑
12. 能源专家和咨询公司	决策咨询、问题定义和分析；系统开发；专家服务提供；方案分析；信息共享
13. 学术界和研究组织	研发、知识的创造和共享；正规和非正规教育；技能培训；技术调整、应用和创新
14. 媒体	提高，倡导意识；信息共享；新闻质询、新闻监督功能；监视，公共透明度

8.3.3 能力发展的主题

能力发展必须强调、发展、加强利益相关方在能源系统中的角色方面的功能。在确定作为整体系统之不同结果的责任时还必须考虑利益相关方之间的联系。能力需要评估因国家而异，但均应集中关注新增、附加能力，以应对限制或决定该国能源系统新的市场或技术条件。根据前述的三大类利益相关方，能力发展的主题分述如下。

第一类，政府或者公共部门机构，在大多数能力发展项目中构成优先目标群体，这是因为许多国家进行的改革过程对国家结构施加了两项关键影响。政府和公共部门需要确保政策的有效管理。能源政策的实施需要个人，机构和系统共同努力致力于：评估（分析），问题确认，目标定义和优先权，目标确认，权力共享框架内的战略发展，计划手段，行动和实施方式，行为发展，发展和实证分析的工具管理。

由于它们对于政策环境的影响而需要引起公共部门注意的主题包括：

- 能源和可持续发展的联系；
- 国际和国家发展背景；
- 国家能源系统的特点；
- 能源和其他部门的联系；
- 能源和社会和环境目标的联系；
- 能源供给多样性和安全；

- 能源资源的理性使用；
- 能源技术选择和趋势；
- 自然和农村能源挑战领域；
- 能源工业组织和规章；
- 规章和立法的不同模式；
- 补贴和税收的角色；
- 市场和非市场激励和处罚系统；
- 冲突估计和管理；
- 不同能源战略的可行性；

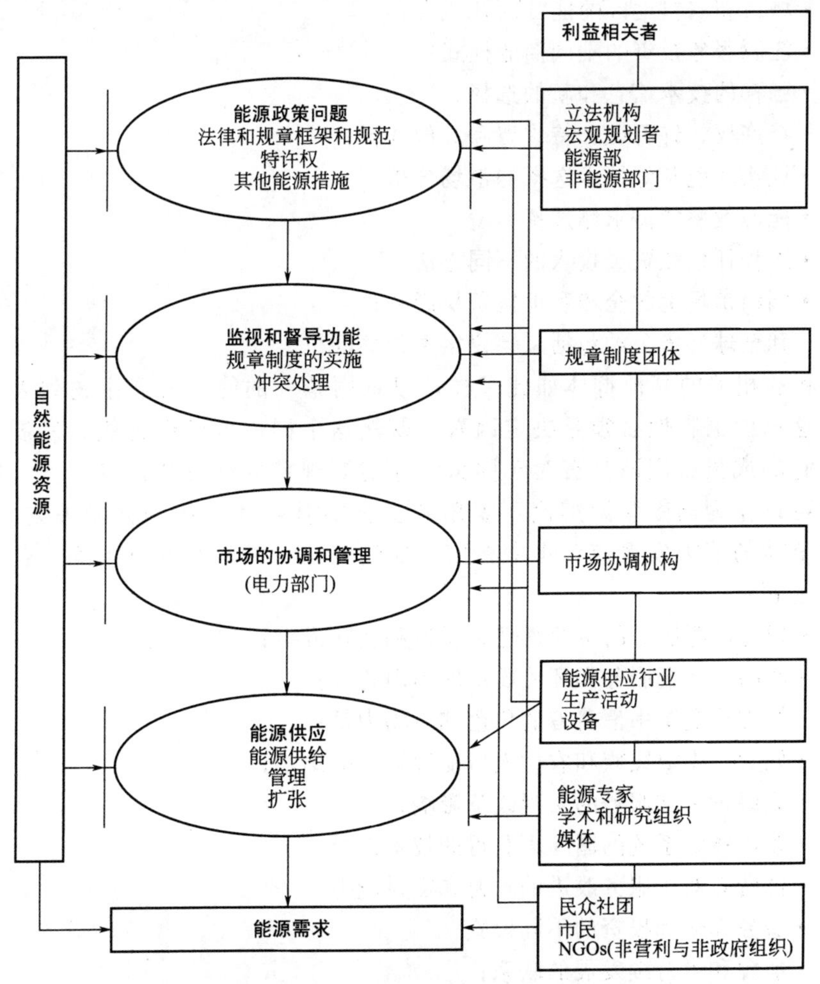

图 8.2　能源系统中利益相关者的作用和相互关系

- 估计未来能源蓝图的能力；
- 地区和子地区的结合。

当政府必须建立可持续能源政策时，私人生产部门扮演重要的角色，决定着这些计划的经济、社会和政治寿命。工业和私人部门之中，公共政策可以作为一种方法去批准小的但是重要的资源分配去支持致力于可持续发展目标的商业和工业能力建设的努力。私人部门的能力发展（包括信用机构、企业家、设备制造商）必须扩展主题以包括：

- 能源部门改革和产品生产活动重新管制的影响；
- 已经存在或潜在能源市场的大小和属性；
- 城市和农村地区的能源商业机会；
- 能源服务投资的不同商业模式；
- 已存的技术信息和新的选择；
- 特许权、许可证、特许费和其他选择；
- 证实环境友好技术选择的市场分析；
- 能源效率的需求侧选择；
- 工程评估和资金投入的不同方法；
- 国内市场上的全球和地区贸易影响；
- 和全球环境公约包括京都议定书相关的机会。

利益相关的其他群体如此多样，很难用单一的能力发展主题列表来表示。这里国家特性必须是决定因素。既然这个群体可以作为能力发展的方法，它的成员就应该具有对于国家实际能源现状的准确的信息，这一能源现状可以作为高效政策辩论，规划和实施的基础和其他利益相关方共享。这个全体的能力发展应该集中在信息如何获取、共享和改进上面。包括以下的主题：

- 现有能源服务的可获得性、质量和实际成本；
- 产品、社会服务和环境质量的国内趋势；
- 在支持变革中消费者的角色和市场力量；
- 妇女、少数民族和农村人口能源缺乏的影响；
- 能源价格和服务的宏观改革影响；
- 改进能源系统的国际可获得的技术选择；
- 消费者对于服务改进的意愿和支付能力；
- 服务提供和投资的不同模式；
- 能源和可持续发展的联系；
- 世界能源背景、能源供应安全、全球化影响。

8.3.4 能力发展计划和实施

能力发展计划从技术和管理的角度来讲是复杂的，其中涉及的各机构应在综合能力发展计划内设计和实施行动。图 8.3 说明了能力发展过程，它是反复的，同时有短期和长期维度。任何能力发展过程的起始点都要清晰地定义目标。定义的目标越明确，结果就越具体，越接近目标，越面向最终结果。能源能力发展的潜在结果包括：扩大能源服务的数量，易获得和易承担性的市场工具的引入；新的能源管理体系的建立；扩大农村能源服务的机制；或者引入适合本地资源条件的清洁能源技术的机制。

- **能力评估**是循环的下一阶段，它将提供关于关键的人或者机构的基本信息。能力评估是双边的：它包括评估发展过程中的主体人群的能力，同时也评估即将成为目标，或者能力传播方法人群的能力。
- **合格标准**主要指建立方法去限制能力建设努力中个人和参与方的范围。
- **设计、规划和谈判**需要涉及培训、人力资源发展，组织管理的专家，确定成本。
- **实施和运营**将涉及不同的专门知识资源以及不同选区的利益各方。在这一阶段，国内专家机构，非政府组织和地方专家的角色居于中心。好的组织和能力建设活动实施中的一致性是不可少的。实施计划必须依赖于存在的准确的专业知识及地区和国家水平上的能力可获得性。组织一种系统方法去共享关于可获得的专业知识以及任何可获得的资金资源来促进潜在角色的参与是必要的。实施和运营将涉及不同的专门知识资源以及不同选区的利益各方。在这一阶段，国内专家机构，非政府组织和地方专家的角色居于中心。好的组织和能力建设活动实施中的一致性是不可少的。实施计划必须依赖于存在的准确的专业知识和地区和国家水平上的能力可获得性。组织一种系统方法去共享关于可获得的专业知识以及任何可获得的资金资源来促进潜在角色的参与是必要的。
- **监测和控制**对于过程开展时跟踪变化以及提供一个客观的基础决定是否应该调整是不可缺少的。如果国内需求和环境改变，即使是设计得最好的能力发展计划都必须改变。
- **评价和评估**有短期调停作用，以及长期系统设计和重新定向作用。评估阶段应该考虑利益各方对于短期培训、咨询或者意识提高的满意程度，也应该考虑作为总体目标的长期能力变化的承诺。

成功的能力发展结果最重要的是确保在政府结构中的清晰的授权和权力范围，确保相关职员组成一个有能力的团队，拥有能力去实施可持续能源计划、政策和发展途径。能力发展是一个反复的过程，需要长期的承诺，通过许多短期行为实施，包括公共部门的资源和人员的付出。

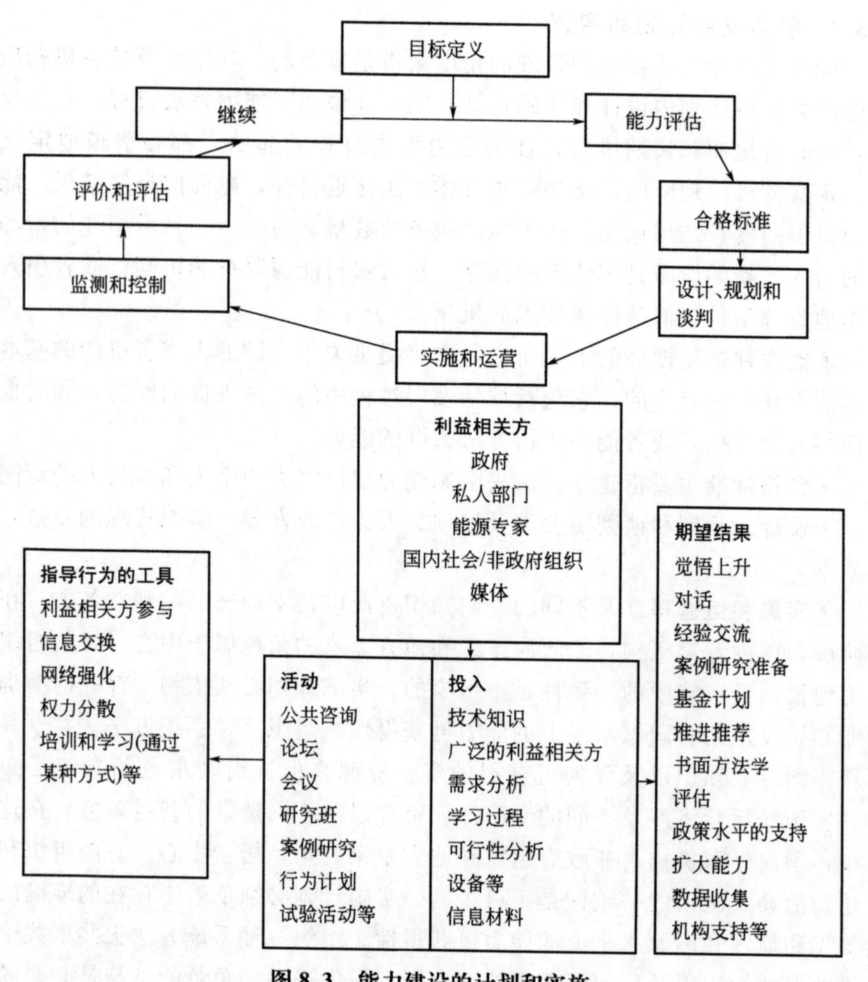

图 8.3　能力建设的计划和实施

参 考 文 献

[1] 《能源百科全书》编辑委员会，中国大百科全书出版社编辑部编. 能源百科全书. 北京：中国大百科全书出版社，1997.

[2] 沈建勋，李宴耕，刘继业. 地藏天源——能源的过去、现在和未来. 武汉：湖北教育出版社，2000.

[3] 李建会. 全球环境变化人类面临的共同挑战. 武汉：湖北教育出版社，2000.

[4] 叶大均. 能源概论. 北京：清华大学出版社，1990.

[5] 陈心中. 能源基础知识. 北京：能源出版社，1984.

[6] 陶钧，黄卓. 文明曙光//中国历史演义：上古篇. 大连：大连出版社，1996.

[7] 胡成春. 清洁新能源——21世纪的能源. 北京：科学技术文献出版社，1995.

[8] 总政治部宣传部. 新世纪之帆——新能源技术. 北京：解放军出版社，1998.

[9] 鲁楠. 新能源概论. 北京：中国农业出版社，1977.

[10] 中国气候变化国别研究组. 中国气候变化国别研究. 北京：清华大学出版社，2000.

[11] 顾少白. 世界能源问题. 北京：经济科学出版社，1985.

[12] 曲格平. 环境保护知识读本. 北京：红旗出版社，1999.

[13] 张光华等. 酸雨. 北京：中国环境科学出版社，1989.

[14] 中国能源研究会. 能源政策研究. 2003 (6).

[15] 吴宗鑫，陈文颖. 以煤为主多元化的清洁能源战略. 北京：清华大学出版社，2001.

[16] 张正敏，王庆一，庄幸等. 中国可再生能源开发利用：潜力与挑战. 北京：煤炭工业出版社，2002.

[17] 周大地主编. 2002中国能源问题研究. 北京：中国环境科学出版社，2003.

[18] 周大地主编. 2020中国可持续能源前景. 北京：中国环境科学出版社，2003.

[19] 夏义善. 中国能源安全问题及解决前景. 和平与发展，2003 (4)：20-24.

[20] 杨勇翔. 中国的能源安全及保障战略. 中国工程咨询，2003 (12)：

25-28.

[21] 国家发展和改革委员会．欧洲可持续能源政策及对我国的启示．中国能源，2003（4）：5-7.

[22] 常志鹏，刘铮．中国已成世界第二大能源消费国——能源安全凸显．经济参考报，2003-12-15.

[23] 王光泽，石油：诱发战争的尤物．21世纪经济报道，2004-3-18.

[24] [美] 阿尔·戈尔·濒临失衡的地球——生态与人类精神．陈嘉映等译．北京：中央编译出版社，1997.

[25] 陈耀邦，可持续发展战略读本．北京：中国计划出版社，1996.

[26] 华泽澎．能源经济学．东营：石油大学出版社，1991.

[27] [美] 赫尔曼 E．戴利．超越增长——可持续发展的经济学．诸大建，胡圣等译．上海：上海译文出版社，2001.

[28] 洪银兴．可持续发展经济学．北京：商务印书馆，2000.

[29] 胡鞍钢．新型工业化与发展//国家经济贸易委员会综合司，专家谈走新型工业化道路．北京：经济科学出版社，2003.

[30] 胡涛，陈同斌．中国的可持续发展研究．北京：中国环境科学出版社，1995.

[31] [美] 蕾切尔·卡逊著·吕瑞兰．寂静的春天．李长生译．吉林：吉林人民出版社，1997.

[32] [美] 莱斯特·布朗．生态经济．林自新，戢守志等译．北京：北京东方出版社，2002.

[33] 牛文元．持续发展导论．北京：科学出版社，1994.

[34] 世界银行．1995世界发展报告．北京：中国财经经济出版社，1996.

[35] 滕藤．中国可持续发展研究（上、下卷）．北京：经济管理出版社，2001.

[36] 阎长乐．中国能源发展报告．北京：经济管理出版社，2001.

[37] 姚愉芳等．中国经济增长与可持续发展．北京：北京社会科学文献出版社，1998.

[38] 叶文虎．可持续发展理论与实践．北京：中央编译出版社，1997.

[39] 张坤民．可持续发展论．北京：中国环境科学出版社，1999.

[40] [美] 朱利安·林肯·西蒙．没有极限的增长．黄江南、朱嘉明编译．成都：四川人民出版社，1996.

[41] UNDP. United Nafions Development Programme，World Energy Assessment Energy and the Challenge of Sustainability. NewYork：UN-

DP，2000.
[42] Thomas B Johnsson，Jose Goldemberg. Energy for Sustainable Development a Policy Agenda. NewYork：UNDP，2002.
[43] 中国可再生能源信息网. http：//www. crein，org. cn.
[44] 中国新能源网. http：//www. newenergy. org. cn.
[45] 中国科普博览. http：//www. kepu. com. cn.
[46] 中国水利科技网. http：//www. CWS. net. cn.
[47] 中国网. http：//www. china. 2. org. cn.
[48] 中国矿业信息网. http：//www. chinamining. org.
[49] 王革华，田雅林，袁婧婷. 能源与可持续发展. 北京：化学工业出版社，2005.
[50] BP. BP世界能源统计2012 [2012-3-5]. http：//www. bp. com/productlanding. do? categoryld=9041910&contentld=7075397.
[51] 李俊峰. 中国风电发展报告2012. 北京：中国资源综合利用协会可再生能源专业委员会，2012.
[52] IEA. 2011 Key world energy statistics. Paris：IEA，2011.
[53] [美] 麦克尼利等. 保护世界的生物的多样性. 北京：中国环境科学出版社，1991.
[54] 中华人民共和国国务院新闻办公室. 中国的能源政策白皮书 [2013-3-6]. http：//www. gov. cn/jrzg/2012-10/24/content _ 2250377. htm.
[55] 中华人民共和国国务院新闻办公室. 中国应对气候变化的政策与行动 (2011) [2013-3-6]. http：//www. gov. cn/jrzg/2011－11/22/content _ 2000047. htm.
[56] 清华大学中国车用能源研究中心. 中国车用能源展望2012. 北京：科学出版社，2012.
[57] 韩文科，杨玉峰. 中国能源展望. 北京：中国经济出版社，2012.
[58] Baidu 文库. 低碳经济 [2013-3-6]. http：//baike. baidu. com/view/1494637. htm.
[59] 牛文元. 中国可持续发展发展总论. 北京：科学出版社，2007.
[60] 陈勇. 中国能源与可持续发展. 北京：科学出版社，2007.
[61] 诸大建. 中国循环经济与可持续发展. 北京：科学出版社，2007.
[62] IEA. World Energy Outlook 2012. Paris：IEA，2012.
[63] 国家发展和改革委员会能源研究所课题组. 中国2050年低碳发展之路：能源需求暨碳排放情景分析. 北京：科学出版社，2009.

[64] 中国能源中长期发展战略研究项目组. 中国能源中长期（2030、2050）发展战略研究：综合卷. 北京；科学出版社，2011.

[65] 中国能源中长期发展战略研究项目组. 中国能源中长期（2030、2050）发展战略研究：节能/煤炭卷. 北京：科学出版社，2011.

[66] 中国科学院能源领域战略研究组. 中国至2050年能源科技发展路线图. 北京：科学出版社，2009.

[67] 中国科学院可持续发展战略研究组. 2012中国可持续发展战略报告. 北京：科学出版社，2012.

[68] 国务院发展研究中心产业经济研究部、中国汽车工程学会、大众汽车集团（中国）. 中国汽车产业发展报告（2011）. 北京：社会科学文献出版社，2011.

[69] 中国汽车工程学会. 中国汽车工业概览. 北京：中国汽车工程学会，2012.

[70] 国家统计局能源统计司. 中国能源统计年鉴. 北京：中国统计出版社. 2011.

[71] 戴彦德，白泉. 中国十一五节能进展报告. 北京：中国经济出版社. 2012.

[72] 何建坤. 低碳发展. 北京：学苑出版社，2010.

[73] 王庆一. 2011能源数据. 中国可持续能源项目参考资料. 北京：美国能源基金会北京办事处，2011.

[74] 江泽民. 中国能源问题研究. 上海：上海交通大学出版社，2008.

[75] [美] 阿尔弗雷德·克劳士比. 人类能源史. 王正林等译. 北京：中国青年出版社，2009.

[76] 阙光辉. 中国能源可持续战略. 北京：外文出版社，2007.

[77] 陈岳，许勤华. 中国能源国际合作报告（2011/2012）. 北京：时事出版社，2012.

[78] 董秀丽. 世界能源战略与能源外交：总论. 北京：知识产权出版社，2011.

[79] 赵剑. 世界能源战略与能源外交：中国卷. 北京：知识产权出版社，2011.

[80] 樊纲，马蔚华. 中国能源安全：现状与战略选择. 北京：中国经济出版社，2012.

[81] 魏一鸣，焦建玲，廖华. 能源经济学. 北京：科学出版社，2011.

[82] 刘铁男. 中国能源发展报告2011. 北京：经济科学出版社，2011.

[83] [美]彼得·格沃钦. 可持续能源系统工程. 王宏伟译. 中国电力出版社，2010.

[84] 杨沿平，唐杰，胡纾寒，陈轶嵩. 中国汽车节能思考. 北京：机械工业出版社，2010.

[85] 薛力. 中国的能源外交与国际能源合作（1949～2009）. 北京：中国社会科学出版社，2011.

[86] 林伯强，黄光晓. 能源金融. 北京：清华大学出版社，2011.

[87] 余建华. 世界能源政治与中国国际能源合作. 长春：长春出版社，2011.

[88] 王庆一. 能源词典. 第2版. 北京：中国石化出版社，2005.

[89] 中国能源研究会. 中国能源发展报告2012. 北京：中国电力出版社，2012.

[90] 魏一鸣，吴刚，梁巧梅，廖华. 中国能源报告（2012）：能源安全研究. 北京：科学出版社，2012.

[91] 《气候变化国家评估报告》编写委员会. 气候变化国家评估报告. 北京：科学出版社，2007.